灌芯纤维石膏墙板房屋结构应用技术

赵考重　张玉明　著

中国建筑工业出版社

图书在版编目(CIP)数据

灌芯纤维石膏墙板房屋结构应用技术/赵考重,张
玉明著.—北京:中国建筑工业出版社,2021.11
ISBN 978-7-112-26721-7

Ⅰ.①灌…　Ⅱ.①赵…②张…　Ⅲ.①石膏板-砖墙
板-房屋结构-研究　Ⅳ.①TU22

中国版本图书馆 CIP 数据核字(2021)第 211309 号

以石膏为主体的绿色建材具有十分广阔的应用前景,本书详细介绍了灌芯纤维石膏墙板房屋结构的各类受力试验分析结果及应用情况,内容共 9 章,分别是绪论、灌芯纤维石膏墙板轴心受压承载力试验研究、灌芯纤维石膏墙板偏心受压承载力试验研究、无筋灌芯纤维石膏墙板抗震性能试验研究、配筋灌芯纤维石膏墙板抗震性能试验研究、灌芯纤维石膏墙板房屋 1∶1 模型抗震性能试验研究、灌芯纤维石膏墙板局部受压试验研究、灌芯纤维石膏墙板兼作过梁时的受力性能试验研究、灌芯纤维石膏墙板房屋结构体系规定及要求。

本书适用于建筑节能、建筑材料等领域专业人员参考使用。

责任编辑:万　李　范业庶
责任校对:李美娜

灌芯纤维石膏墙板房屋结构应用技术

赵考重　张玉明　著

*

中国建筑工业出版社出版、发行(北京海淀三里河路 9 号)
各地新华书店、建筑书店经销
唐山龙达图文制作有限公司制版
北京建筑工业印刷厂印刷

*

开本:787 毫米×1092 毫米　1/16　印张:10½　字数:259 千字
2021 年 12 月第一版　　2021 年 12 月第一次印刷
定价:**40.00** 元

ISBN 978-7-112-26721-7
(38170)

前　言

　　砖砌体作为一种传统的建筑材料在我国已有数千年的历史，几千年来由于其良好的物理力学性能，易于取材、生产和施工造价低廉，成为我国的主要建筑材料。但生产黏土砖大量占用耕地，消耗能源，污染环境，已与当前"依据环境再生、协调共生、尽量减少自然资源的消耗、保护生态环境，以确保人类社会的可持续发展"的战略方针相违背。建设部、国家经贸委等联合发布《关于在住宅建设中淘汰落后产品的通知》，通知中明确指出：逐步限时禁止使用实心黏土砖。中华人民共和国建设部第76号和建设部〔2001〕254号文件等都对大力推广应用新型墙体材料做出了明确规定。发展低能耗、低污染、高性能、高强度、多功能、系列化、能够提高施工效率的新型墙体材料产品，已成为大势所趋。

　　玻璃纤维石膏空心墙板是由专门的生产设备采用熟石膏、玻璃纤维及适量的防水添加剂加工而成的一种防水玻璃纤维轻质石膏空心大板。在工厂制作墙体组件，运到施工现场按设计要求进行拼装，施工速度快。但空心玻璃纤维石膏空心墙板的抗压强度比较低，目前在国内外主要应用于室内装饰及非承重墙体中。若将墙板空心处进行灌孔形成灌芯玻璃纤维石膏墙板，可用于承重墙体也可用于楼板，将极大地扩大纤维石膏墙板的应用范围。灌芯纤维石膏墙板采用我国资源丰富的高效节能环保材料石膏，工地现场对墙板进行灌孔浇筑混凝土不需要模板，施工速度快，适合我国建筑工业化及装配式结构发展要求，在我国具有广阔的应用前景。灌芯石膏纤维墙板用于承重结构房屋中的开发、生产、应用和研究还不太成熟，有待于进一步研究。

　　本书采用理论和试验相结合的方法对灌芯纤维石膏墙板房屋结构的受力性能进行了充分研究，主要研究了墙板作为轴心受压构件、偏心受压构件及局部受压、兼做过梁时的静力受力性能；单片无筋墙体、配筋墙体的抗震性能以及1：1五层模型结构房屋的抗震性能。基于本书研究成果，参考国外先进技术法规并结合我国相关规范，编制了中华人民共和国行业标准《纤维石膏空心大板复合墙体结构技术规程》JGJ 217，以促进灌芯纤维石膏墙板房屋结构在建筑中的合理应用与推广。

　　本书的研究内容列入住房城乡建设部科技计划项目，并经住房城乡建设部成果鉴定，有利于发展和推广应用新型墙体材料，形成与可持续发展相适应的新型产业。本书在介绍研究成果的同时，也详细介绍了本项技术研究的思路和方法，给出了这种新的结构体系的设计要求，可供广大技术人员以及土木工程专业的教师和研究生参考。

　　限于作者水平，本书难免存在各种问题，恳请广大读者提出宝贵意见。

目 录

1

绪论

1.1 引言

随着我国经济的不断增长,房地产业进入了快速发展时期,成为我国有力的经济增长点。黏土砖作为一种传统的建筑材料在我国已有数千年的历史,几千年来由于其良好的物理力学性能,易于取材、生产和施工造价低廉,成为我国的主导建筑材料。自 1996 年起,我国每年黏土砖的产量超过 6000 亿块,为世界其余各国每年砖产量的总和,因此而带来毁田 10 多万亩、能耗 6000 万吨煤的代价,已与当前"依据环境再生、协调共生、尽量减少自然资源的消耗、保护生态环境,以确保人类社会的可持续发展"的战略方针相违背。开发节土、节能、环保、自重较轻、性能更好的墙体材料已为大势所趋。

实施可持续发展战略,加强生态建设和环境保护,是我国的一项基本国策。墙体材料革新是保护土地资源、节约能源、资源综合利用、改善环境的重要措施,也是可持续发展战略的重要内容。随着我国人口的增加,经济持续快速发展,资源和环境的压力越来越大,必须从根本上改变传统墙体材料大量占用耕地、消耗能源、污染环境的状况,大力发展和推广应用新型墙体材料,形成与可持续发展相适应的新型产业。《国务院批转国家建材局等部门关于加快墙体材料革新和推广节能建筑意见的通知》(国发 [1992] 66 号)、《国家建材局等关于印发〈严格限制毁田烧砖积极推进墙体材料改革的意见〉的通知》(建材政法字 [1988] 35 号)、中华人民共和国建设部第 76 号和建设部 [2001] 254 号文件等都对大力推广应用新型墙体材料做出了明确规定。政府各部委近年来颁布了各项政策法规以引导建材行业的健康可持续发展。建设部、国家经贸委等联合发布《关于在住宅建设中淘汰落后产品的通知》,通知中明确指出:逐步限时禁止使用实心黏土砖,限时截止期限为 2003 年 6 月 30 日。《墙体材料革新"十五"规划》确定了 2005 年的发展目标,新型墙体材料占墙体材料总产量的比重达到 40%,其中城镇达到 50%,大中城市达到 60% 以上,市区达到 80% 以上。各地应采取切实措施,抓紧做好实心黏土砖的替代材料及制品的衔接工作,积极推广采用新型建筑结构体系及与之相配套的新型墙体材料。

新型墙体材料要适应建筑功能的改善和建筑节能的要求,利用当地资源积极发展低能耗、低污染、高性能、高强度、多功能、系列化、能够提高施工效率的新型墙体材料产品,用先进技术和装备改造传统产业,提高墙体材料行业的整体水平,提高建材产品的质量和档次。随着生态建筑和绿色建材概念日益为人们所接受，以石膏为主体的绿色建材在我国也越来越受到建筑业界的关注。

石膏建材制品，在建筑使用中有着其他材料不可比拟的优异性能，如石膏建材制品在遇火灾温度升高时，会释放出结晶水（但结构不出现破坏），其含量高达21％，使环境温度上升的速度减慢，失水后形成的无水硫酸钙是良好的不燃性热绝缘体，能有效地阻碍火势蔓延，具有其他材料所没有的特殊防火性能。石膏建材制品与混凝土相比，其耐火性高出5倍以上。中国1988年颁布的《建筑材料难燃性试验方法》和1997年颁布的《建筑材料燃烧性能分级方法》中已将石膏建材制品列为不燃体。德国标准（DIN4120）中也将石膏建材制品定义为不燃性建筑材料。此外，硬化后的石膏建材制品为多微孔结构体，具有良好的保温隔热性能，其导热系数仅是砖的三分之一，是普通混凝土的五分之一，是石材的八分之一。由于石膏建材制品的微孔结构特性，在湿度较高时，房间内过量的湿气可很快地被吸收进入石膏墙体，当气候变化，湿度降低时，能再次释放出湿气。所以石膏建材制品具有独特地调节室内小环境的功能，墙面在空气湿度很高时，也无冷凝水出现，可提供十分舒适的居住环境。石膏建材制品对人体无害，在长期使用过程中不会有任何有害气体释放，无放射性及重金属的危害，安全防火，可调节湿度，保温隔热，节约能源，是典型的绿色建材产品。

石膏建材制品生产过程中对环境的影响小，完全可以做到洁净化生产。石膏建材制品生产中和建筑现场出现的废品废料可重新回收循环使用，完全可做到无废料排放。同时，用石膏建材制品建造的建筑物，在若干年后拆除时，这些石膏建材制品可回收重新使用，是生态建筑的典范。正因为如此，在工业发达国家中，石膏建材制品的使用量很大，也形成了专门的产品研发、设备制造的工业门类。由于我国环境保护的迫切性，大量化学石膏（磷石膏、脱硫石膏、钛石膏等）的处理已成当务之急。发展石膏建材可以将化学石膏变废为宝，增加了其利用价值。

我国天然石膏资源十分丰富，储量居世界首位。石膏作为墙体材料和建筑装饰品发展甚快，是一种理想的高效节能环保新型建筑材料，具有十分广阔的应用前景。无论是从生态建筑、环境保护，还是从资源开发和化学石膏的综合利用来看，石膏建材在我国都是一种应该大力研究开发的绿色建筑材料。

1.2 玻璃纤维石膏空心墙板

1.2.1 概述

玻璃纤维石膏空心墙板（又称速成墙板）是澳大利亚速成建筑有限公司（简称RBS公司）于1990年开发的专利产品，是一种防水玻璃纤维轻质石膏空心大板。是由专门的生产设备采用熟石膏、玻璃纤维及适量的防水添加剂加工而成的大规格空心墙体，成品的标准规格为12m×3m（宽×高），厚度为120mm，使用时可以根据需要切割成不同的尺寸，如图1-1所示。

空心墙体两侧的肋厚13mm，中间的肋厚20mm，孔洞与孔洞中心之间的距离为250mm，孔洞的尺寸为230mm×94mm，图1-2为切割成高度为360mm的石膏空心墙板，图1-3为石膏空心墙板截面尺寸。

图1-1　玻璃纤维石膏空心墙板成品

图1-2　高度为360mm的石膏空心墙板

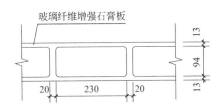

图1-3　石膏空心墙板截面尺寸

1.2.2　生产工艺

玻璃纤维石膏空心墙板生产线主要工艺流程采用电脑自动控制系统完成，根据生产工艺流程、生产车间各部件的布置以及实际操作的需要，配置各系统控制站，各控制站完成对其所控制范围内的生产流程的操作与鉴定，并能完成数据、图形及状态的显示，实施必要的过程控制等功能，生产该种玻璃纤维石膏空心墙板的工艺流程如下：

搅拌石膏→浇筑第一层石膏→抹平第一层石膏→往第一层石膏上铺绞碎的玻璃纤维→将玻璃纤维滚压入石膏→在有绞碎的玻璃纤维的石膏上每隔一个插一块板芯→铺上第二层绞碎的玻璃纤维→捣实第二层玻璃纤维→插另一块板芯→浇筑第二层石膏→铺最后一层玻璃纤维→将最后一层玻璃纤维滚压入石膏→用刮板将石膏表面抹平二到三遍→墙体初凝前最后刮一次→石膏墙板进一步硬化→将板芯从石膏墙板中抽出→伸出两个墙体支撑架支撑住墙板→将工作台倾斜85°→将石膏墙板从倾斜的工作台上搬运至存储架上或干燥间内→彻底干燥后即可使用。图1-4为玻璃纤维石膏空心墙板生产车间及生产设备。

图 1-4　玻璃纤维石膏空心墙板生产车间及生产设备

1.2.3　技术指标

（1）面密度

面密度，即每平方米的重量。空腔玻璃纤维石膏空心墙板的面密度为 40kg/m^2，作为填充墙来说，这是非常理想的数据。目前工程中常用的岩棉夹芯板的面密度为 110kg/m^2，泰柏板为 95kg/m^2，双面抹灰的加气混凝土砌体 240mm 厚为 248kg/m^2，耐碱玻璃纤维 GRC 板为 48kg/m^2。前三种材料价格与玻璃纤维石膏空心墙板相差无几，GRC 板则比玻璃纤维石膏空心墙板高约 10 元/m^2。由此可见，作为隔墙来使用，玻璃纤维石膏空心墙板具有质量轻、价格低等优点。

该种玻璃纤维石膏空心墙板灌孔后用作承重结构，施工速度快，安装方便。填充混凝土后的玻璃纤维石膏空心墙板的面密度为 250kg/m^2，可以作为承重墙。而一般的 240mm 厚实心黏土砖砌体双面抹灰后的面密度为 524kg/m^2，240mm 厚多孔黏土砖砌体双面抹灰后的面密度为 420kg/m^2。因此，灌孔后玻璃纤维石膏空心墙板相对自重小，无论对降低建筑物基础成本，还是减少地震作用，都是非常有利的。随着实心黏土砖的禁止使用，灌芯玻璃纤维石膏空心墙板将成为承重墙的替代材料之一。

显而易见，无论作为填充墙，还是作为承重墙，玻璃纤维石膏空心墙板都有着其他材料不可比拟的优势，它更符合轻质高强、质优价廉的选材标准和材料发展方向。

（2）承载能力

120mm 厚的玻璃纤维石膏空心墙板直立状态时每米宽度的竖向承载力称为线承载力。根据 RBS 公司提供的试验资料，玻璃纤维石膏空心墙板的线承载力为 60kN/m，孔内灌注 C30 混凝土后，墙板线承载力为 750kN/m。按照一个 6 层 4m 开间的住宅粗略计算，底层最大荷载约为 172kN/m，灌孔后纤维玻璃纤维石膏空心墙板从理论上可以用于多层住宅而满足竖向承载力要求。山东建筑大学结构试验室已做了大量关于其竖向承载力的试验。试验表明，作为承重结构，其承载力完全满足要求。目前国内以孔内灌注混凝土的玻璃纤维石膏空心墙板为主要承重材料的建筑，最高已建到六层。

（3）耐火性能

由公安部天津消防科学研究所提供的检验报告显示，空腔玻璃纤维石膏空心墙板的耐火极限不低于 83min，燃烧性能 A 级，为非燃烧体。我国现行国家标准《建筑设计防火规范》GB 50016 规定，一级建筑物房间隔墙的耐火极限为 0.75h，非承重墙、疏散走道两侧隔墙的耐火极限为 1h。显然，空腔玻璃纤维石膏空心墙板作为隔墙能满足防火要求。

对于孔内灌筑混凝土的玻璃纤维石膏空心墙板，RBS 公司提供的资料显示，其隔火率为 4h。我国现行国家标准《建筑设计防火规范》GB 50016 规定，一级建筑物防火墙的耐火极限为 4h，承重墙、楼电梯间墙 3h。显然，灌孔承重墙体也满足我国现行防火规范的要求。

1.2.4 环保、节能效益

（1）玻璃纤维石膏空心墙板的主要成分为石膏，这就从根本上肯定了这种板材的绿色环保价值。它不含任何黏土成分，而石膏可回收利用的特点更加确定了其节约能源、符合可持续发展战略的优势。其巧妙的大孔构成，可方便地填充各种轻质材料来满足保温、隔热、防火、隔声等使用要求，从而替代其他或昂贵或笨重的填充材料；若填充混凝土，则可用作承重墙，从而彻底淘汰黏土砖，节省耕地，保护土地资源。

（2）如果能综合利用化学石膏，则可解决我国大量化学石膏堆弃所造成的占用土地、污染环境等问题。

（3）玻璃纤维石膏空心墙板可方便地用于钢框架结构，由于其具有自重轻、施工方便等特点，在工程中不仅能节省钢材用量 30%，而且能缩短施工工期，这都直接创造了效益。

（4）玻璃纤维石膏空心墙板仅 120mm 厚，在建筑面积不变的情况下，可增大使用面积 8%～10%，这无论对消费者还是开发商而言，都是巨大的诱惑，能够促进房屋的销售和开发。

除了上述几项性能优势外，玻璃纤维石膏空心墙板还有消能减震、制作方便、用途广泛、标准化生产、建筑速度快、方便穿设管线、降低投资等优势。玻璃纤维石膏空心墙板的开发应用，可以节约土地、保护国土资源、节约能源、减低能耗、综合利用工业废料、保护环境，符合可持续发展的需要，它将会带来巨大的经济效益和良好的社会效益。

1.3 玻璃纤维石膏墙板在建筑结构应用中的发展和研究现状

美国是石膏墙板最大的生产国，目前年产量已超过 20 亿 m²。日本自 20 世纪 60 年代以后形成大规模生产，目前的年产量为 6 亿 m²。其他石膏墙板生产量较大的国家有加拿大、法国、德国、俄罗斯等。在石膏原料方面，近年来，用工业废石膏生产的石膏墙板和石膏砌块产量猛增。在国内，石膏墙板系列产品是一种较为成熟的轻质材料，现已初具规模，年产量已超过6000多万平方米。但是，由于国内原材料质量，生产设备等环节存在问题，优质石膏墙板产量不高。对于人均资源占有率较低的中国，大力开发新型石膏建材制品具有十分重要的现实意义。除了我国天然石膏矿藏储量丰富外，随着我国经济建设的发展，各类化工石膏，如磷石膏、氟石膏、钦石膏、烟气脱硫石膏等，也成为环境保护要求必须治理的重要任务之一。如磷肥厂、洗衣粉厂每生产一吨磷酸就要排出 5t 的磷石膏。有的磷肥（或复合肥）企业，每年要排出 60 多万吨磷石膏。连年的堆积给环境造成严重的污染。如再不开发利用，就可能有处于停产（或限产）境地。而奇怪的是，当地建筑中仍大量地使用着实心黏土砖，这种不协调的现象，也是阻碍我国现代化建筑发展的重要因素之一。

近年来，随着人们对环保意识的增强及石膏墙板在工程中的成功应用，对石膏墙板相应的试验研究越来越多。然而，由于目前的建筑石膏墙板大多应用于室内装饰如吊顶，或应用于非承重的内外隔墙等非结构构件，对于可用于室内外承重墙体的灌芯纤维石膏墙板的开发、生产、应用和研究还不太成熟。

灌芯纤维石膏空心墙板是一种防水玻璃纤维轻质石膏空心大板，在孔内灌筑混凝土后，既可以作为垂直结构构件承受竖向荷载和水平荷载，又可以作为现浇密肋梁楼板的模板，与钢筋混凝土共同工作，构成楼板。该种墙板在澳大利亚的应用已经相当成熟。RBS公司推出 RBS 建筑体系作为一项新技术在澳大利亚得到推广应用，目前占澳大利亚建筑市场 5% 左右，主要应用在低层、多层以及小高层民用建筑上，包括：公寓、住宅、各种类型的联排住宅，以及超市、图书馆、音乐厅、电影院等商业建筑和公用建筑，厂房、仓库也有一定规模的应用。

图 1-5～图 1-10 为国内外的一些工程实例及施工现场。运用灌芯纤维石膏墙板建造的两套两层的试验工程——别墅，如图 1-11 和图 1-12 所示。

图 1-5　工程实例 1

图 1-6　工程实例 2

图 1-7 天津示范楼

图 1-8 墙板施工现场 1

图 1-9 墙板施工现场 2

图 1-10 墙板施工现场 3

图 1-11 别墅 1

图 1-12 别墅 2

国内从澳大利亚引进了玻璃纤维石膏空心墙板成套的生产线和相关技术，主要应用于隔墙，但由于纤维石膏墙板的线膨胀系数与混凝土及钢材的线膨胀系数相差较大，因此，用于钢结构或混凝土结构的隔墙时，墙体上容易产生裂缝。另外，由于墙板尺寸比较大，主体结构完成后再施工玻璃纤维石膏空心墙板隔墙，施工吊装也较困难，上述原因也就限制了这种墙板的应用。

1.4 灌芯纤维石膏墙板结构应用研究

为了扩大玻璃纤维石膏空心墙板的应用范围，以达到保护土地资源、节约能源的目的，我们决定将其用于承重墙体。但这种空心玻璃纤维石膏空心墙板的抗压强度比较低，要想用于承重结构，须对墙板进行处理，我们设想在墙板的孔洞内浇筑混凝土，形成灌孔的墙板，其承载力将会大大提高，作为承重墙体应该是可行的。玻璃纤维石膏空心墙板经灌孔后形成的墙板称之为灌芯玻璃纤维石膏墙板，简称灌芯纤维石膏墙板。施工时先安装空心纤维石膏墙板，然后现场浇筑混凝土。由灌芯纤维石膏墙板形成的房屋结构的优点在于墙体浇筑混凝土不需要模板，墙板表面光滑洁净，便于室内装饰装修，施工速度快，房屋的有效使用面积大。

1.4.1 主要研究内容

作为一种新型的承重结构体系房屋，还有许多技术问题需要做进一步研究，包括如何分析房屋的内力、如何验算墙体的承载力、房屋的抗震性能怎样以及构造措施等。目前对于这种承重墙板房屋的研究还不是很多。为了使灌芯纤维石膏墙板形成的结构替代砖混结构体系，实现在我国的推广应用，尚需进行大量的试验研究。

本书对灌芯纤维石膏墙板受压承载力、局部受压承载力、兼作门窗洞口过梁时的承载力、抗震性能等进行了试验研究、理论分析，提出了灌芯纤维石膏墙板承载力计算方法，并给出了灌芯纤维石膏墙板结构的构造措施，在研究的基础上制定该结构体系的设计施工技术标准。

1.4.2 研究方案

通过试验和理论分析相结合的方法对灌芯纤维石膏墙板结构体系设计计算的关键技术问题进行了充分研究，主要进行以下研究。

1）30个轴心受压构件的试验，研究轴心受压构件的受力性能。

2）21个偏心受压构件的试验，研究偏心受压构件的受力性能。

3）18个局部受压构件的试验，包括局压位于墙板端部、位于混凝土芯柱和位于肋部三种情况。

4）9片孔内不配钢筋的墙板和9片孔内配筋的墙板的拟静力试验，研究了单片无筋、单片配筋灌芯纤维石膏墙板的抗震性能。

5）6个墙板兼过梁的构件试验，得到墙板上开门窗洞口时墙板兼作过梁的处理方法。

6）一个1:1五层模型的拟静力试验，进一步验证灌芯纤维石膏墙板承重结构体系的抗震性能。

7）对该结构体系的受力性能进行了分析，制定该结构体系的设计施工技术标准。

2 灌芯纤维石膏墙板轴心受压承载力试验研究

2.1 轴心受压承载力试验

灌芯纤维石膏墙板属于砌体材料的一种，其轴心受压承载力取决于灌芯后墙体的抗压强度、高厚比等因素。灌芯石膏墙体的抗压强度与空心石膏墙体的抗压强度、灌芯混凝土的强度有关。因此，试件设计时主要考虑灌芯混凝土强度、高厚比两个因素影响。

2.1.1 试件的设计制作

为了研究空心纤维石膏墙板、灌芯后石膏墙板的基本力学性能以及灌芯纤维石膏墙板作为受压构件时的力学性能和破坏机理，共设计了 10 组轴心受压试件，试件参数见表2-1。第 1 组试件为空心纤维石膏墙板，其截面如图 2-1 所示，用于研究空心纤维石膏墙板的受力性能；第 2～10 组试件均为灌芯石膏试件；第 2～4 组试件高度 360mm；第 5～7组试件高度 1000mm；第 8～10 组试件高度 3000mm；第 2～7 组试件截面如图 2-2 所示；第 8～10 组试件截面如图 2-3 所示；墙板高度相同的 3 组试件分别采用 C20、C25、C30三种不同强度等级混凝土灌实；第 2～10 组试件均全部灌芯，且采用不同高度（高厚比），

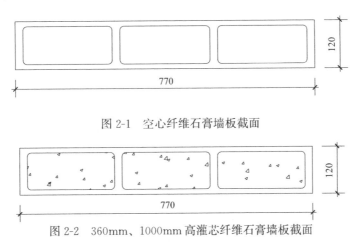

图 2-1　空心纤维石膏墙板截面

图 2-2　360mm、1000mm 高灌芯纤维石膏墙板截面

不同混凝土强度等级，用于研究灌芯纤维石膏墙板受压构件的受力性能。每组试件实际制作了 5 个试件，其中 3 个进行了抗压试验，试件编号见表 2-1，另外 2 个备用。

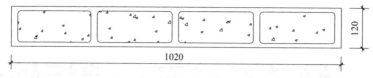

图 2-3　3000mm 高灌芯纤维石膏墙板截面

轴心受压试件设计表

表 2-1

组　别	试件编号	试件尺寸 （长×宽×高，mm）	原设计混凝土 等级（灌芯）	备　注
第 1 组	0-A-1	770×120×360		高度 360mm 未灌芯纤维石膏墙板
	0-A-2			
	0-A-3			
第 2 组	C20-A-1	770×120×360	C20	高度 360mm 灌芯石膏试件
	C20-A-2			
	C20-A-3			
第 3 组	C25-A-1	770×120×360	C25	
	C25-A-2			
	C25-A-3			
第 4 组	C30-A-1	770×120×360	C30	
	C30-A-2			
	C30-A-3			
第 5 组	C20-B-1	770×120×1000	C20	高度 1000mm 灌芯石膏试件
	C20-B-2			
	C20-B-3			
第 6 组	C25-B-1	770×120×1000	C25	
	C25-B-2			
	C25-B-3			
第 7 组	C30-B-1	770×120×1000	C30	
	C30-B-2			
	C30-B-3			
第 8 组	C20-C-1	1020×120×3000	C20	高度 3000mm 灌芯石膏试件
	C20-C-2			
	C20-C-3			
第 9 组	C25-C-1	1020×120×3000	C25	
	C25-C-2			
	C25-C-3			
第 10 组	C30-C-1	1020×120×3000	C30	
	C30-C-2			
	C30-C-3			

2.1.2 加载试验方案

（1）360mm 高石膏墙板（空芯与灌芯）、1000mm 高灌芯纤维石膏墙板

这三种墙板（第 1～7 组试件）采用的加载试验装置相同，为了尽可能模拟真实墙板轴向受压特性，都是采用 5000kN 的液压试验机进行加载，加载装置如图 2-4～图 2-7 所示。

图 2-4　360mm 高试件加载试验正面　　　图 2-5　1000mm 高试件加载试验正面

图 2-6　360mm 高试件加载试验侧面　　　图 2-7　1000mm 高试件加载试验侧面

试验前估算墙板的极限破坏荷载，正式加载前先预加载，预加载的数值一般为 1～2 级荷载值，以不超过墙板的估算开裂荷载为限，预加载的目的是检验各试验装置及量测仪表的工作是否正常，同时还可以使一些试验结构的节点等部位接触密实进入工作状态。预加载结束后，采用分级加载的方法对墙板施加荷载，每级荷载的增加值为 10%～20% 的极限破坏荷载，在邻近开裂和破坏前，取 5% 的极限破坏荷载作为一级荷载值，以便准确

确定开裂和破坏荷载值。

为了测量墙板的竖向变形并保证墙板轴心受压，在 360mm 高墙板（空心与灌芯，第 1~4 组）上布置应变片。每个侧面布置两个应变片，共对称布置四个应变片。测点布置如图 2-8 所示。

图 2-8　360mm 高试件侧面应变片的布置

对于 1000m 高的墙板，墙片尺寸大，为了更加准确地测试试件的变形特性并保证墙板轴心受压，采取用百分表测试一定标距内的位移，标距为 400mm，通过位移来计算应变。百分表的布置如图 2-9 所示。

图 2-9　1000mm 高试件百分表的布置

每加一级荷载，同时记录下四个百分表的读数，并记下初裂荷载和破坏荷载值。

（2）3000mm 高灌芯纤维石膏墙板

第 8~10 组试件高为 3000mm，能真实反映墙板的实际承载能力。由于高度太大，不能继续用 5000kN 试验机进行加载，故采用了液压千斤顶进行加载。采用液压千斤顶进行加载，首先标定传感器，传感器的布置和加载装置如图 2-10 所示。加载方法同上，分为预加载阶段与正式加载阶段。分级加载，对应记录下每级荷载，并记下初裂荷载和破坏荷载值。

图 2-10　3000mm 高试件试验装置及传感器

2.1.3　试验结果

（1）灌芯混凝土抗压强度

在试件制作的同时，预留混凝土立方体试块，以测试试件的混凝土强度。由于空心纤维石膏墙板的壁厚仅 13mm，太薄，且孔较小，孔的尺寸仅为 230mm×94mm，因此在浇筑混凝土过程中，不能采用通常的振捣方式，试件孔洞内的混凝土密实性较留置的立方体混凝土试块差，而且灌孔的混凝土在养护期间不能进行通常条件下的加水养护，两者的养护条件也不完全相同，试验发现孔洞内混凝土的抗压强度要低于留置的立方体混凝土试块强度。因此，采用在备用试件内截取混凝土棱柱体芯样的方法测试试件的混凝土强度。试件混凝土分两批浇筑，第一批浇筑 360mm 与 1000mm 高的墙板，第二批浇筑 3000mm 高的墙板。每一批都抽取了 9 个芯柱。将抽取的每个芯柱加工成 230mm×94mm×360mm 棱柱体，进行抗压试验，试验所得抗压强度值即为灌芯混凝土的轴心抗压强度。试验结果见表 2-2～表 2-7。

360mm 和 1000mm 高墙板 C20 灌芯混凝土抗压强度的试验结果　　表 2-2

项目 编号	芯柱尺寸 (宽×长×高,mm)	面积 A (mm^2)	极限压力 P (kN)	抗压强度 f_c (N/mm^2)	轴心抗压强度平均值 f_c(N/mm^2)
C20-1	94×230×360	21620	215	9.94	
C20-2	94×230×360	21620	242	11.19	10.68
C20-3	94×230×360	21620	236	10.92	

360mm 和 1000mm 高墙板 C25 灌芯混凝土抗压强度的试验结果　　表 2-3

项目 编号	芯柱尺寸 (宽×长×高,mm)	面积 A (mm^2)	极限压力 P (kN)	抗压强度 f_c (N/mm^2)	轴心抗压强度平均值 f_c (N/mm^2)
C25-1	94×230×360	21620	308	14.25	
C25-2	94×230×360	21620	312	14.43	14.64
C25-3	94×230×360	21620	340	15.30	

360mm 和 1000mm 高墙板 C30 灌芯混凝土抗压强度的试验结果　　表 2-4

项目 编号	芯柱尺寸 (宽×长×高,mm)	面积 A (mm^2)	极限压力 P (kN)	抗压强度 f_c (N/mm^2)	轴心抗压强度平均值 f_c(N/mm^2)
C30-1	94×230×360	21620	170	7.86	
C30-2	94×230×360	21620	178	8.23	8.14
C30-3	94×230×360	21620	180	8.33	

3000mm 高墙板 C20 灌芯混凝土抗压强度的试验结果　　表 2-5

项目 编号	芯柱尺寸 (宽×长×高,mm)	面积 A (mm^2)	极限压力 P (kN)	抗压强度 f_c (N/mm^2)	抗压强度平均值 f_c(N/mm^2)
C20-1	94×230×360	21620	216	9.99	
C20-2	94×230×360	21620	186	8.6	9.44
C20-3	94×230×360	21620	210	9.71	

3000mm 高墙板 C25 灌芯混凝土抗压强度的试验结果　　表 2-6

项目 编号	芯柱尺寸 (宽×长×高,mm)	面积 A (mm^2)	极限压力 P (kN)	抗压强度 f_c (N/mm^2)	抗压强度平均值 f_c(N/mm^2)
C25-1	94×230×360	21620	420	19.43	
C25-2	94×230×360	21620	390	18.04	18.72
C25-3	94×230×360	21620	404	18.68	

3000mm 高墙板 C30 灌芯混凝土抗压强度的试验结果　　表 2-7

项目 编号	芯柱尺寸 (宽×长×高,mm)	面积 A (mm^2)	极限压力 P (kN)	抗压强度 f_c (N/mm^2)	抗压强度平均值 f_c(N/mm^2)
C30-1	94×230×360	21620	180	8.33	
C30-2	94×230×360	21620	160	7.40	8.33
C30-3	94×230×360	21620	200	9.25	

由试验结果可知，实测芯柱混凝土抗压强度，远低于原设计混凝土强度。主要原因是

墙板内孔洞尺寸较小，浇筑混凝土后无法有效振捣及按正常养护要求进行养护，导致试件混凝土密实性与立方体试块有一定差别。

（2）360mm高空心纤维石膏墙板试验结果（第1组）

360mm高空心纤维石膏墙板，在试验过程中首先是在端肋部出现裂缝，然后中间部位明显外凸，在靠近外端肋部被拉坏，顶、底部压坏。中间部位肋部也有部分裂缝出现。试验结果见表2-8，破坏形态如图2-11和图2-12所示。

轴心受压试件试验结果 　　　　　　　　　　　　　　　　表2-8

组别	试件编号	试件截面面积（mm²）	极限荷载(kN)	极限荷载平均值(kN)	抗压强度（N/mm²）	抗压强度平均值（N/mm²）
第1组	0-A-1	92400	120	140	1.299	1.52
	0-A-2	92400	150		1.623	
	0-A-3	92400	150		1.623	
第2组	C20-A-1	92400	900	925	9.74	10.01
	C20-A-2	92400	935		10.12	
	C20-A-3	92400	940		10.17	
第3组	C25-A-1	92400	1050	1075	11.36	11.63
	C25-A-2	92400	1095		11.85	
	C25-A-3	92400	1080		11.69	
第4组	C30-A-1	92400	690	720	7.47	7.79
	C30-A-2	92400	725		7.85	
	C30-A-3	92400	745		8.06	
第5组	C20-B-1	92400	945	890	10.23	9.63
	C20-B-2	92400	860		9.31	
	C20-B-3	92400	865		9.36	
第6组	C25-B-1	92400	1030	1040	11.15	11.26
	C25-B-2	92400	1040		11.26	
	C25-B-3	92400	1050		11.36	
第7组	C30-B-1	92400	640	690	6.93	7.47
	C30-B-2	92400	710		7.68	
	C30-B-3	92400	720		7.79	
第8组	C20-C-1	122400	646	577	5.28	4.72
	C20-C-2	122400	622		5.08	
	C20-C-3	122400	464		3.79	
第9组	C25-C-1	122400	1025	1028	8.37	8.40
	C25-C-2	122400	1005		8.21	
	C25-C-3	122400	1053		8.60	
第10组	C30-C-1	122400	559	555	4.57	4.53
	C30-C-2	122400	550		4.49	
	C30-C-3	122400	556		4.54	

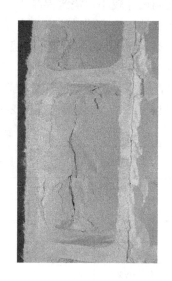

图 2-11　空心墙板破坏形态 1　　　　　　　　图 2-12　空心墙板破坏形态 2

（3）360mm、1000mm 高灌芯纤维石膏墙板（第 2～7 组）

第 2～7 组试件的破坏形态基本相同，当荷载较小时，石膏墙板和混凝土芯柱共同承担竖向压力；随着荷载的不断增加，混凝土的横向变形也不断增加，混凝土芯柱受到石膏墙板的约束作用，混凝土强度将会得到提高，同时在石膏墙板内也产生了横向拉应力，当拉应力达到石膏墙板的抗拉强度时，首先在比较薄弱的端肋产生竖向裂缝；荷载继续增加。端肋竖向裂缝不断加宽，同时在板壁上也产生竖向裂缝，最终石膏墙板两端肋部玻璃纤维被拉断或抽出，芯柱混凝土失去约束作用，混凝土被压碎，试件发生破坏。试验结果见表 2-8。360mm 高灌芯纤维石膏墙板轴心受压破坏形态如图 2-13 和图 2-14 所示。1000mm 高墙板破坏形态如图 2-15 和图 2-16 所示。

图 2-13　360mm 高灌芯纤维石膏墙板　　　　　图 2-14　360mm 高灌芯纤维石膏墙板
　　　　　轴心受压破坏形态 1　　　　　　　　　　　　　轴心受压破坏形态 2

图 2-15　1000mm 高灌芯纤维　　　　　　　图 2-16　1000mm 高灌芯纤维
石膏墙板破坏形态 1　　　　　　　　　　　石膏墙板破坏形态 2

（4）3000mm 高灌芯纤维石膏墙板（第 8～10 组）

第 8～10 组 3000mm 高试件在试验过程中首先在肋部出现竖向裂缝，随荷载增加裂缝延伸，在板中间部位也有斜裂缝出现，边缘肋部裂缝最宽，发展也最快。灌入的混凝土芯柱由于高厚比太大，在加载后期荷载上升缓慢，而构件的挠度增长迅速，表现出明显的几何非线性状态。最终在轴向力和弯矩的共同作用下，当墙板从中部或离铰支端三分之一处突然断裂弹起，并伴随着"砰"的一声巨响，构件发生破坏。试验结果见表 2-8。

2.2　轴心受压承载力试验结果分析与计算

2.2.1　抗压强度研究现状

对于灌芯纤维石膏墙板抗压强度的研究未查到相关资料，但对灌孔砌块砌体的研究国内外已做过大量工作，可供我们参考。国内外学者在这方面所做的工作主要如下：

（1）哈尔滨工业大学的试验资料

根据哈尔滨工业大学江波的研究成果：灌孔砌块中砂浆对高强砌块填芯砌体的抗压强度影响很小，不予考虑，只考虑了芯柱与块材，总结为式（2-1）。

$$f_{g,m} = 0.57 f_m + 0.8\alpha f_c \tag{2-1}$$

式中　$f_{g,m}$——填芯砌体抗压强度平均值（N/mm²）；

　　　f_m——空心砌体抗压强度平均值（N/mm²）；

　　　α——灌芯率，为灌孔混凝土面积和砌体毛截面面积的比值，$\alpha = \delta\rho$，δ 为砌体孔洞率，ρ 为灌孔率，对全部注芯的情况 $\rho = 1$；

　　　f_c——混凝土轴心抗压强度（N/mm²）。

（2）湖南大学的试验资料

湖南大学的博士生杨伟军通过试验分析、理论分析和计算公式的分析得出了式(2-2)。

$$f_{g,m}=(1-0.16\delta)f_m+0.7\delta f_{cu} \tag{2-2}$$

式中　δ——灌芯率；

　　f_m——空心砌体抗压强度平均值（N/mm²）；

　　f_{cu}——混凝土立方体强度（N/mm²）。

（3）同济大学的试验资料

根据同济大学的试验资料分析得出：在砌体破坏时，灌孔混凝土的应力仅达到其抗压强度的50%~70%，按空心砌块与芯柱混凝土受力简单迭加表示，见式(2-3)。

$$f_{g,m}=f_m+0.8\delta f_{cu} \tag{2-3}$$

符号的意义同上。

2.2.2　抗压强度计算公式

360mm 高灌芯纤维石膏墙板在轴心荷载作用下，开始荷载较小时两者共同工作，承担竖向压力，但随着荷载的不断增加，混凝土的横向变形也不断增加，石膏墙板对混凝土芯柱的约束也不断加大，石膏墙板由于混凝土的横向变形，开始外凸，石膏墙板的拉应力不断增加，最终在薄弱环节，石膏墙板两端肋部玻璃纤维被拉断或抽出，石膏墙板破坏，由于混凝土芯柱没有了约束，混凝土被压碎，整个墙板破坏。

灌芯纤维石膏墙板与灌芯砌块砌体构造相类似，并且破坏机理也基本相同，因此，灌芯纤维石膏墙板的抗压强度计算表达式可参照上述砌块砌体进行表达，根据高厚比等于3的360mm 高墙板轴心受压试验结果得出。由不灌芯和灌芯试件的破坏机理可知，灌芯试件破坏时，石膏墙板能够充分发挥其作用，芯柱混凝土由于受到纤维石膏墙板的约束作用，混凝土强度提高，因此，灌芯纤维石膏墙板抗压强度可用式（2-4）表示：

$$f_{g,m}=f_m+\alpha\eta f_c \tag{2-4}$$

式中　$f_{g,m}$——灌芯纤维石膏墙板的抗压强度平均值（N/mm²）；

　　f_m——空心纤维石膏墙板抗压强度平均值（N/mm²），由第1组试验结果得 $f_m=1.52$；

　　α——灌芯率，灌孔混凝土面积和空心纤维石膏墙板毛截面面积的比值，$\alpha=\delta\rho$，δ 为砌体孔洞率，ρ 为灌孔率，对全部注芯的情况 $\rho=1$；

　　η——灌芯增强系数，根据第2~4组试验结果计算。

第2~4组试验构件截面均为770mm×120mm，三个孔洞全部灌孔，孔洞面积为230×94×3=64860mm²，墙板毛截面面积=770×120=92400mm²，灌芯率：$\alpha=64860/92400=0.7$，根据试验数据计算灌芯增强系数，见表2-9。

灌芯增强系数计算　　　　　　　　　表2-9

组别	灌芯混凝土强度 f_c(MPa)	灌芯墙板抗压强度 $f_{g,m}$(MPa)	灌芯增强系数 η
第2组	10.68	10.01	1.13
第3组	14.64	11.63	1.13
第4组	8.14	7.79	1.36

根据表 2-9，当混凝土强度等级不大于 C40 时，偏安全取灌芯增强系数 η 为 1.13。芯柱混凝土由于受到纤维石膏墙板的约束作用，强度提高约 13%，但提高的幅度不是很大。主要是由于纤维石膏墙板生产工艺的原因，孔与孔之间的肋内纤维较少，抗拉承载力低，最终构件破坏就是由于板肋产生竖向裂缝，失去约束作用引起的。

2.2.3 轴心受压承载力计算

（1）轴心受压承载力计算公式

由试验结果可知，当灌芯混凝土强度等级相同时，高度 360mm、1000mm、3000mm 的墙板轴心受压承载力依次降低。受压构件随着高厚比增大，构件由于偶然偏心将会产生纵向弯曲，构件承载力会随着高厚比的增加而降低。灌芯纤维石膏墙板的受压承载力可用式(2-5)进行表示：

$$N_u = \varphi_0 A f_g \tag{2-5}$$

式中　N_u——轴心受压极限承载力（kN）；

　　　φ_0——稳定系数；

　　　f_g——灌芯纤维石膏墙板的抗压强度（N/mm^2）；

　　　A——试件截面面积（mm^2）。

（2）轴心受压稳定系数计算

试件轴心受压的稳定系数可以根据欧拉公式和材料的应力-应变关系推导得出。根据现行国家标准《砌体结构设计规范》GB 50003，砖砌体轴心受压稳定系数按下式计算：

$$\varphi_0 = \frac{1}{1 + \alpha \beta^2} \tag{2-6}$$

式中　α——与砂浆强度等级有关的系数；

　　　β——高厚比。

对于灌芯纤维石膏墙板，由于在加载时墙板外凸，很难准确地测出墙板的应力-应变关系，且混凝土的面积占总面积的 70%，整个墙板的承载力主要由混凝土来承担。因此，用混凝土的应力-应变关系公式近似来替代整个墙板的应力-应变关系公式。

采用单轴向美国 E. Hognestad 建议的模型，仅考虑混凝土的应力-应变关系的上升段，即 $\varepsilon \leqslant \varepsilon_0$。混凝土的应力-应变关系为：

$$\sigma = f_c \left[2\frac{\varepsilon}{\varepsilon_0} - \left(\frac{\varepsilon}{\varepsilon_0}\right)^2 \right] \tag{2-7}$$

$$E = \frac{d\sigma}{d\varepsilon} = \frac{2f_c \sqrt{1 - \dfrac{\sigma}{f_c}}}{\varepsilon_0} \tag{2-8}$$

把式(2-8)代入欧拉公式可得到灌芯纤维石膏墙板稳定系数计算公式：

$$\varphi_c = \frac{\sqrt{678125^2 + 2712501\beta^4} - 678125}{2\beta^4} \tag{2-9}$$

1000mm 高的灌芯墙板的高厚比 $\beta = 1000/120 = 8.33$；3000mm 高的灌芯墙板的高厚

比 $\beta=3000/120=25$。根据 360mm 高灌心墙板抗压强度试验得到的抗压强度和 1000mm 高、3000mm 高灌芯墙板抗压承载力试验结果，计算稳定系数值与式（2-9）理论分析值相对比，见表 2-10。

灌芯纤维石膏墙板受压稳定系数计算结果对比   表 2-10

墙体高度(mm)	组　别	试验计算值	试验计算平均值	式(2-9)理论计算值
1000	第 5 组	0.962	0.962	0.993
	第 6 组	0.967		
	第 7 组	0.958		
3000	第 8 组	0.53	0.54	0.709
	第 9 组	0.52		
	第 10 组	0.56		

由以上结果可知：根据混凝土应力-应变关系理论计算稳定系数值与试验墙板的稳定系数并不完全吻合，主要原因如下：

1）每个灌孔独立芯柱的强度并非完全一样，在加载过程中，一旦其中一个芯柱到达其极限承载力，发生破坏，这个芯柱将不再分担荷载，那么其他芯柱承受的荷载将急剧增加，整个墙板将很快破坏。

2）纤维石膏墙板的本构关系并非和混凝土完全一样。

3）随着高厚比的增大，纤维石膏墙板对混凝土芯柱的约束减弱，当墙板的高厚比超过某一极限时，在荷载作用下构件发生较大的弯曲变形，纤维石膏墙板对混凝土芯柱约束作用很小。

对稳定系数进行修正。令 $\xi=\varphi_0/\varphi_c$，ξ 为稳定性系数修正值，φ_c 为式（2-9）计算理论值，φ_0 为试验结果计算值，根据试验结果经回归分析，可得如下 β-ξ 关系式：

$$\xi=-0.0003\beta^2-0.0025\beta+1.0101 \tag{2-10}$$

因此，轴向荷载作用下灌芯纤维石膏墙板的稳定系数计算公式为：

$$\varphi_0=\varphi_c\xi=(-0.0003\beta^2-0.0025\beta+1.0101)\times\left(\frac{\sqrt{678125^2+2712501\beta^4}-678125}{2\beta^4}\right) \tag{2-11}$$

将式（2-11）进一步简化为下式：

$$\varphi_0=\frac{1}{1+0.00048\beta^2+0.000029\beta^3} \tag{2-12}$$

式中 β——灌芯纤维石膏墙板的高厚比。

图 2-17 为按式（2-11）和式（2-12）计算稳定系数与墙体高厚比的关系曲线对比。由图可以看出，两公式计算结果吻合较好。

将式（2-12）代入式（2-5），计算各组试件承载力见表 2-11，计算结果与试验结果吻合较好。因此，本书推导的计算公式和稳定系数可以应用于实际工程。

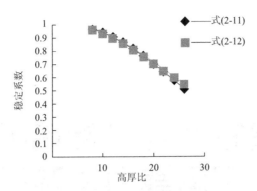

图 2-17　稳定系数与高厚比的关系

试件轴心受压承载力试验与理论计算结果对比　　　　　　表 2-11

组别	极限荷载平均值(kN)	理论计算承载力(kN)	备注
第 2 组	925	921	
第 3 组	1075	1060	360mm 高墙板
第 4 组	720	732	
第 5 组	890	875	
第 6 组	1040	1007	1000mm 高墙板
第 7 组	690	695	
第 8 组	577	624	
第 9 组	1028	1136	3000mm 高墙板
第 10 组	555	564	

2.3　结论

通过对灌芯纤维石膏墙板不同高度试件的轴心受压性能的试验研究，对其破坏形态、承载能力进行了理论分析与计算，得出主要结论如下。

（1）纤维石膏墙板对混凝土芯柱有一定的约束作用，使混凝土的抗压强度得到提高。轴心受压时，芯柱混凝土强度大约提高 13％。

（2）轴心受压短柱，在荷载作用下，首先在纤维石膏墙板的肋上产生竖向裂缝，随着荷载增加，混凝土失去约束，最终导致构件破坏。板肋纤维较少，是薄弱部位。

（3）灌芯纤维石膏墙板复合材料的抗压强度可按式（2-4）进行计算。

（4）轴心受压的灌芯纤维石膏墙板构件的承载力可按式（2-5）进行计算。

3

灌芯纤维石膏墙板偏心受压承载力试验研究

3.1 偏心受压承载力试验

灌芯纤维石膏墙板属于砌体材料的一种，偏心受压承载力要低于其同条件下轴心受压承载力，影响试件偏心受压性能的因素主要有试件的高厚比、材料的抗压强度和偏心距。灌芯纤维石膏墙板偏心受压分为平面外偏心和平面内偏心两种情况，本章试验研究针对灌芯纤维石膏墙板平面外偏心受压。

3.1.1 试件的设计制作

第 2 章灌芯纤维石膏墙板的轴心受压承载力试验，主要考虑的因素有高厚比、混凝土强度等级等。试验结果表明，高厚比对结果影响较大，是必须考虑的因素。本次试验中所有试件的厚度均为 120mm，因此高厚比的不同转化为高度的不同。

在轴心受压构件的试验研究中，已对不同的混凝土强度等级和不同高厚比的试件进行了大量研究。考虑到实际工程中 C25 混凝土足以满足承载力的要求，在设计试件时不考虑混凝土强度等级这一因素，所有试件均采用 C25 混凝土。本试验中在设计试件时，只考虑高度和偏心距两个因素。试件的宽度均为750mm，偏压试件截面如图 3-1 所示。试件的高度取三

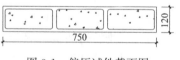

图 3-1　偏压试件截面图

种，分别为 1000mm、1500mm、2000mm；板厚方向的偏心距取三种，分别为 10mm、20mm、30mm，共设计了 9 组偏心受压试件。

由于试件受力存在偏心，为了方便在墙板设计受力位置施加竖向偏心荷载，在墙体的上部和底部分别制作顶梁和底梁，顶梁和底梁都是宽 320mm，高 100mm，长度与石膏墙板试件相同，顶梁和底梁内配有"［"形通长 HRB335 螺纹钢筋，保护层厚度为 20mm，为了使顶梁、底梁与试件更好地传递荷载作用，每孔放置一根插筋，偏压试件顶梁、底梁配筋图如图 3-2 所示。偏心受压试件设计表见表 3-1。第 1～3 组每组实际制作了 4 个试件，第 4～9 组每组制作了 3 个试件，其中 1 个试件留作备用。

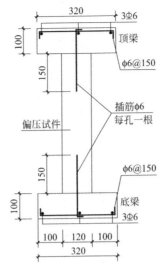

图 3-2 偏压试件顶梁、底梁配筋图

偏心受压试件设计表 表 3-1

组别	试件编号	试件尺寸(宽×厚×高,mm)	偏心距(mm)	备注
1	P-B-10-1	750×120×1000	10	
	P-B-10-2			
	P-B-10-3			
2	P-B-20-1	750×120×1000	20	
	P-B-20-2			
	P-B-20-3			
3	P-B-30-1	750×120×1000	30	
	P-B-30-2			
	P-B-30-3			
4	P-C-10-1	750×120×1500	10	
	P-C-10-2			
5	P-C-20-1	750×120×1500	20	灌注混凝土 C25
	P-C-20-2			
6	P-C-30-1	750×120×1500	30	
	P-C-30-2			
7	P-D-10-1	750×120×2000	10	
	P-D-10-2			
8	P-D-20-1	750×120×2000	20	
	P-D-20-2			
9	P-D-30-1	750×120×2000	30	
	P-D-30-2			

图 3-3～图 3-5 为试验中不同高度的偏心受压试件。

(a)   (b)

图 3-3   1000mm 高偏心受压试件

（a）正面；（b）侧面

(a)   (b)

图 3-4   1500mm 高偏心受压试件   图 3-5   2000mm 高偏心受压试件

（a）正面；（b）侧面

在试件制作时，每种试件均制作同等条件的备用试件，用来从试件内提取混凝土芯柱进行抗压试验，测试混凝土抗压强度。

3.1.2　加载试验方案

所有试件均采用 5000kN 的液压试验机进行加载，试件上下端通过滚轴实现铰接。加载装置如图 3-6、图 3-7 所示。

图 3-6　偏心受压试验装置正面　　　　　图 3-7　偏心受压试验装置侧面

试验过程中，首先预加载 100kN，确定试验装置及量测仪表工作正常后正式加载，墙板初裂前以每级 50kN 的荷载值进行加载，墙板开裂时，记录初裂荷载值，并以每级 30kN 的荷载值进行加载，直至墙板破坏，同时记录破坏荷载值。

对于 1500mm 和 2000mm 高的墙板，考虑到墙板高厚比较大，试验过程中可能会产生较大的横向变形，甚至可能会产生失稳破坏，在试验过程中应做好安全防护措施。

3.1.3　试验结果

（1）灌芯混凝土抗压强度

试件制作时预留的混凝土立方体试块抗压强度试验结果见表 3-2。混凝土的轴心抗压强度通过公式 $f_c = 0.76 f_{cu}$ 计算得到。

C25 灌芯混凝土抗压强度试验结果　　　　　　　　　表 3-2

项目 编号	立方体试块尺寸 (mm)	极限压力 P(kN)	立方体抗压强度 f_{cu}(N/mm²)	立方体抗压强度平均值 f_{cu}(N/mm²)	轴心抗压强度平均值 f_c (N/mm²)	由芯柱试压结果修正后的 f_c (N/mm²)
C25-1	150×150×150	364	16.18			
C25-2	150×150×150	390	17.33	16.36	12.43	10.06
C25-3	150×150×150	350	15.56			

由于灌芯混凝土无法按常规混凝土进行浇筑及养护，实测混凝土强度低于设计强度。

为了反映试件混凝土真实情况，从备有试件中取出混凝土芯柱进行试压，经试压后发现芯柱的轴心抗压强度与立方体试块得到的轴心抗压强度的比值大约为0.81。将表3-2中由立方体抗压强度计算得到的混凝土轴心抗压强度乘以0.81进行修正，修正结果用于进行偏心受压承载力计算分析。

（2）偏心受压墙板试验结果

偏心受压灌芯纤维石膏墙板，在试验过程中，首先在墙板上下端肋部出现竖向裂缝，且竖向裂缝出现在压应力较大一侧的板肋与板面的交接处。随荷载增加，对于偏心距为20mm和30mm的墙板，在受拉一侧的板面上，出现并不明显的横向裂缝，竖向裂缝也不断加宽并延伸，墙板有明显弯曲现象。荷载继续增加，受拉一侧水平裂缝加宽，且出现新的裂缝，玻璃纤维有被拉断的"啪啪"声音，但裂缝处大部分纤维仍然连在一起，并未拉断，偏心距为10mm的墙板未出现水平裂缝，最终墙板受压的一侧石膏墙板被压坏，墙板上部与顶梁接触处的石膏部分脱落，受压侧混凝土被压碎，整个墙板发生破坏，达到最大承载力。试验结果见表3-3，破坏形态如图3-8～图3-15所示。

灌芯墙板偏心受压试验结果 表3-3

组别	试件编号	试件尺寸(mm)	偏心距(mm)	极限荷载(kN)	平均极限荷载(kN)
1	P-B-10-1	750×120×1000	10	710	730.0
	P-B-10-2			730	
	P-B-10-3			750	
2	P-B-20-1	750×120×1000	20	552	594.7
	P-B-20-2			672	
	P-B-20-3			560	
3	P-B-30-1	750×120×1000	30	450	458.0
	P-B-30-2			468	
	P-B-30-3			456	
4	P-C-10-1	750×120×1500	10	720	745.0
	P-C-10-2			770	
5	P-C-20-1	750×120×1500	20	465	486.5
	P-C-20-2			508	
6	P-C-30-1	750×120×1500	30	370	335.0
	P-C-30-2			300	
7	P-D-10-1	750×120×2000	10	550	549.0
	P-D-10-2			548	
8	P-D-20-1	750×120×2000	20	450	415.0
	P-D-20-2			380	
9	P-D-30-1	750×120×2000	30	280	281.0
	P-D-30-2			282	

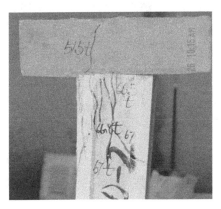

图 3-8　1000mm 高试件端肋处裂缝

图 3-9　1000mm 高试件板面受压破坏形态

图 3-10　1000mm 高试件
上部的受拉裂缝

图 3-11　1000mm 高试件顶梁
下部混凝土破坏形态

图 3-12　1500mm 高偏压墙板端肋处裂缝 1

图 3-13　1500mm 高偏压墙板端肋处裂缝 2

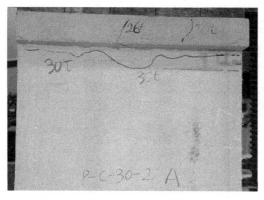

图 3-14　1500mm 高试件上部的受拉裂缝　　　图 3-15　1500mm 高试件板面受压破坏形态

3.2　偏心受压承载力试验结果分析与计算

3.2.1　破坏形态

试验发现，由于生产工艺的原因，在板的肋上纤维较少，而石膏的抗拉强度较低，因此，在板肋与板面的交界面处很容易出现竖向裂缝。由于石膏的抗压强度较低，产生竖向裂缝后，压应力较大一侧的石膏墙板基本失去作用，从而造成构件截面高度减小，偏心距相对增大。在偏心距为 20mm 的偏心力作用下，截面上也出现受拉区，但在偏心距为 10mm 的偏心力作用下，整个截面仍然为全截面受压，因此，偏心距为 10mm 的构件未出现水平裂缝。由于板肋上的竖向裂缝总是首先出现在试件的上下端，且墙板上下端截面处石膏墙板也不能有效地结合在一起，纤维的抗拉作用不能有效发挥，因此，墙板上下端成为试件的控制截面。虽然在试验过程中，试件产生明显的弯曲，产生附加偏心距，二阶弯矩在试件中部最大，构件中部的实际内力最大，但试件破坏截面并未在试件中部而是发生在上下端。

3.2.2　偏心受压承载力计算

混凝土长柱在承受偏心压力作用时，柱端弯矩作用导致柱侧向变形，使柱中部截面的轴向压力偏心距比初始状态时增大，即侧向变形使柱截面出现附加偏心距，并且随偏心压力的增加而不断增大。这样的相互作用加剧了柱的破坏，所以在长柱的承载力计算中应考虑这种影响。对于偏压长柱，在符合大量试验结果的前提下，国内提出了各种方法和计算公式，我国规范采用的计算方法是附加偏心距法。

灌芯纤维石膏墙板在竖向荷载作用下，由于石膏墙板中含有玻璃纤维，对混凝土芯柱有约束作用，在加载至破坏过程中，可以认为所有的混凝土芯柱和石膏墙板处于整体工作状态，共同承受荷载。灌芯墙板偏心受压承载力计算参考普通砖砌体或混凝土砌块计算方法，认为石膏与混凝土两者共同承受压力。对于偏心受压构件，可由轴心受压构件公式直接乘以偏心影响系数 α 按式（3-1）计算：

$$N_u = \alpha \varphi_0 A f_g \tag{3-1}$$

令 $\varphi = \alpha \varphi_0$，则式（3-1）可表示为：

$$N_u = \varphi A f_g \tag{3-2}$$

式中　N_u——偏心受压极限承载力（kN）；

　　　φ——偏心受压影响系数；

　　　φ_0——轴心受压稳定系数；

　　　f_g——灌芯纤维石膏墙板的抗压强度（N/mm^2）；

　　　A——试件截面面积（mm^2）。

3.2.3　偏心受压影响系数推导

（1）附加偏心距法计算影响系数

在偏心压力作用下，试件随着高厚比的加大将产生纵向弯曲变形，即产生侧向挠度 e_i。侧向挠度引起附加弯矩 Ne_i，所以侧向挠度 e_i 称为附加偏心距。

根据现行国家标准《砌体结构设计规范》GB 50003 中偏心距法推导得出的偏心距和高厚比对砌体受压构件的承载力影响系数，对于矩形截面，当 $\beta > 3$ 时：

$$\varphi = \frac{1}{1 + 12\left(\dfrac{e + e_i}{h}\right)^2} \tag{3-3}$$

式中　e——计算偏心距（mm）；

　　　e_i——附加偏心距（mm）；

　　　h——偏心方向的边长（mm）。

附加偏心距 e_i 可以根据下列边界条件确定：轴心受压即 $e_0 = 0$ 时，$\varphi = \varphi_0$，φ_0 为轴心受压稳定系数。以 $e_0 = 0$ 代入式（3-3），得 φ_0：

$$\varphi_0 = \frac{1}{1 + 12\left(\dfrac{e_i}{h}\right)^2} \tag{3-4}$$

根据式（3-4）得到：

$$e_i = \frac{h}{\sqrt{12}}\sqrt{\frac{1}{\varphi_0} - 1} \tag{3-5}$$

式（3-5）与受压构件偏心距无关，不区分大小偏压。当构件为小偏心受压（$e/h < 0.3$）时，式（3-5）计算的 φ 值与试验值符合程度较好，但构件为大偏心受压（$e/h > 0.3$）时，e 的大小对 e_i 尚有影响，应按现行国家标准《砌体结构设计规范》GB 50003 进行如下修正：

$$e_i = \frac{h}{\sqrt{12}}\sqrt{\frac{1}{\varphi_0} - 1}\left[1 + 6\frac{e}{h}\left(\frac{e}{h} - 0.2\right)\right] \tag{3-6}$$

将式（3-6）代入式（3-3）得到：

$$\varphi = \frac{1}{1 + 12\left\{\dfrac{e}{h} + \sqrt{\dfrac{1}{12}\left(\dfrac{1}{\varphi_0} - 1\right)}\left[1 + 6\dfrac{e}{h}\left(\dfrac{e}{h} - 0.2\right)\right]\right\}^2} \tag{3-7}$$

式中轴心受压稳定系数 φ_0 根据第 2 章推导出的式(3-8) 进行计算。

$$\varphi_0 = \frac{1}{1+0.00048\beta^2+0.000029\beta^3} \tag{3-8}$$

利用式(3-7) 和式(3-8) 计算出灌芯墙板在偏心荷载作用下的影响系数，然后根据式(3-2) 可以计算得出灌芯墙板偏心受压时的极限承载力。其中，灌芯混凝土轴心抗压强度按表 3-2 中 10.06N/mm^2 进行计算，灌芯纤维石膏墙板抗压强度根据第 2 章公式按下式计算：

$$f_g = f + \alpha\eta f_c = 1.52 + 0.721 \times 1.13 \times 10.06 = 9.71\text{N/mm}^2 \tag{3-9}$$

将灌芯纤维石膏墙板偏心受压极限承载力的试验结果与理论计算结果对比见表 3-4。

灌芯纤维石膏墙板偏心受压极限承载力的试验结果与理论计算结果对比　　　表 3-4

组别	试件编号	极限荷载 P_1 (kN)(试验值)	高厚比 β	轴压稳定系数 φ_0[式(3-4)]	偏压影响系数 φ[式(3-3)]	极限荷载 P_2[式(3-2) 理论计算值,(kN)]	P_1/P_2
1	P-B-10	730	8.33	0.952	0.800	699	1.044
2	P-B-20	595	8.33	0.952	0.613	536	1.111
3	P-B-30	458	8.33	0.952	0.449	392	1.168
4	P-C-10	745	12.50	0.884	0.716	626	1.190
5	P-C-20	487	12.50	0.884	0.538	470	1.036
6	P-C-30	335	12.50	0.884	0.388	339	0.988
7	P-D-10	549	16.67	0.789	0.624	545	1.007
8	P-D-20	415	16.67	0.789	0.463	405	1.026
9	P-D-30	281	16.67	0.789	0.331	289	0.972

由表 3-4 可以看出，采用附加偏心距法求得的极限荷载与试验结果有一定的差别。与砌体结构墙体不同，灌芯纤维石膏墙板由两种力学性能相差比较大的材料组成，因而其破坏特征与砌体结构构件也有不同。因此，由附加偏心距法推导的砌体受压影响系数不能直接应用于灌芯纤维石膏墙板偏心受压承载力计算。

（2）试验结果回归分析计算影响系数

为了得到能够应用于实际工程中的灌芯纤维石膏墙板偏心受压承载力计算公式，将各组试件试验得到的极限承载力代入式(3-2)、式(3-1) 可计算得到各组试件偏心距影响系数，见表 3-5。

试件偏心距影响系数计算　　　表 3-5

组别	试件编号	偏心距 e (mm)	e/h	承载力 N_u(kN)	影响系数 φ [式(3-2)]	高厚比 β	稳定系数 φ_0	偏心影响系数 α
1	P-B-10	10	0.083	730	0.835	8.33	0.952	0.877
2	P-B-20	20	0.167	595	0.681	8.33	0.952	0.715
3	P-B-30	30	0.250	458	0.524	8.33	0.952	0.551
4	P-C-10	10	0.083	745	0.853	12.50	0.884	0.964
5	P-C-20	20	0.167	487	0.557	12.50	0.884	0.630
6	P-C-30	30	0.250	335	0.383	12.50	0.884	0.434

续表

组别	试件编号	偏心距 e（mm）	e/h	承载力 N_u（kN）	影响系数 φ ［式(3-2)］	高厚比 β	稳定系数 φ_0	偏心影响系数 α
7	P-D-10	10	0.083	549	0.544	16.67	0.789	0.80
8	P-D-20	20	0.167	415	0.475	16.67	0.789	0.602
9	P-D-30	30	0.250	281	0.394	16.67	0.789	0.41

根据表 3-5，图 3-16 和图 3-17 分别列出了偏心影响系数 α 与相对偏心距 e/h 和高厚比 β 的关系图。

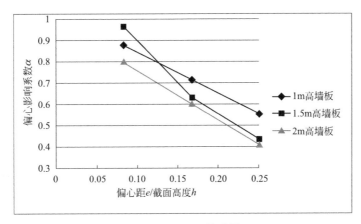

图 3-16　α-e/h 关系图

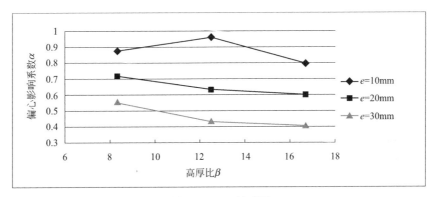

图 3-17　α-β 关系图

由图 3-16 可以看出，相同的高度（高厚比）时，随偏心距 e 增大，偏心影响系数 α 逐渐减小，而且 α-e/h 接近直线关系。图 3-17 中当偏心距相同时，随着高厚比 β 增大，偏心影响系数 α 基本逐渐减小。由试验结果可知，β 对 α 的影响并不是很明显，原因是偏心作用导致压区石膏板首先破坏，石膏板对芯柱混凝土的约束作用减弱；随 β 增大，附加偏心距增大，偏心距对 α 的影响就更加显著。因此，计算分析中不再考虑高厚比对 α 的影响。

试验发现对于高度为 1000mm 的第 1～3 组试件，纵向弯曲并不明显，可认为是短柱偏心受压，其偏心距影响系数主要与偏心距有关，与高厚比无关。根据第 1～3 组的试验结果经回归分析，可以得出短柱偏心受压构件偏心距对承载力的影响系数为：

$$\varphi = 1.0 - \frac{2e}{h} \qquad (3-10)$$

对于高厚比比较大的试件，设纵向弯曲产生的偏心距为 e_i，总的偏心距为 $e + e_i$，将 $e + e_i$ 代替式（3-10）中的偏心距 e，可得到偏心受压构件考虑纵向弯曲和偏心距的承载力影响系数为：

$$\varphi = 1.0 - \frac{2(e + e_i)}{h} \qquad (3-11)$$

当为轴心受压时，有 $e = 0$ 和 $\varphi = \varphi_0$，由式（3-11）可得：

$$e_i = \frac{h(1.0 - \varphi_0)}{2} \qquad (3-12)$$

将式（3-12）代入式（3-11）可以得出偏心受压影响系数 φ 的计算公式：

$$\varphi = \varphi_0 \left(1.0 - \frac{2e}{\varphi_0 h}\right) \qquad (3-13)$$

按式（3-13）计算的理论计算结果与试验结果的对比情况见表 3-6。

试验结果与理论计算结果对比　　　　　　　表 3-6

组别	e/h	高厚比 β	φ 计算值 [式(3-13)]	承载力试验值 N_{us}(kN)	承载力理论值 N_u(kN)	N_{us}/N_u
1	0.083	8.33	0.795	730	687	1.06
2	0.167	8.33	0.638	595	540	1.10
3	0.250	8.33	0.482	458	395	1.16
4	0.083	12.50	0.727	745	627	1.19
5	0.167	12.50	0.570	487	480	1.01
6	0.250	12.50	0.414	335	335	1.00
7	0.083	16.67	0.632	549	544	1.01
8	0.167	16.67	0.475	415	397	1.04
9	0.250	16.67	0.319	281	252	1.11

由表 3-6 可知，试验结果与按式（3-13）理论计算结果接近。因此，本书推导的计算公式可以应用于实际工程。

3.3　结论

（1）偏向受压灌芯纤维石膏墙板的上下端，由于石膏墙板不能有效锚固，石膏板内纤维的抗拉作用不能得到有效发挥，破坏面总是发生在构件的上下端。所以，偏心受压构件的控制截面在构件的上下端。

（2）由于灌芯纤维石膏墙板空腔内的混凝土不能按正常要求进行养护，混凝土强度将会降低，在进行灌芯玻璃纤维偏心受压构件的承载力计算时，应将混凝土强度折减。

（3）灌芯纤维石膏墙板偏心受压构件承载力可按式（3-2）进行计算，式中偏心距和高厚比对偏心受压影响系数可按式（3-13）进行计算。

4 无筋灌芯纤维石膏墙板 抗震性能试验研究

4.1 研究现状

灌芯纤维石膏墙板的生产技术和设计施工技术在澳大利亚已广泛应用，但澳大利亚为震害比较少的国家，要将其应用于我国地震区，还需对其抗震性能进行研究。

天津大学土木工程检测中心做过大量试验，研究该种灌芯纤维石膏墙板试件（包括满灌混凝土和隔孔灌等几种情况）节点处的受力性能，对构件的延性、滞回特性、耗能能力等受力特性及抗震性能进行了分析研究，并用有限元方法与试验结果进行对比分析，得出主要结论如下。

（1）满灌混凝土速成墙板中的混凝土和石膏墙板受力时作为一个整体共同工作，类似于有连接键的带缝剪力墙结构，纤维石膏墙板在结构中充当隔震、耗能元件，结构通过纤维石膏墙板的开裂耗散地震能量，从而提高了结构的抗震性能。

（2）隔孔灌混凝土速成墙板中的混凝土和石膏墙板受力时作为一个整体共同工作，工作性能类似于组合砌体墙结构。

（3）试验构件耗能能力较强，可用于抗震结构。

（4）试验构件破坏前以石膏墙板的裂缝发展为标志，有明显的征兆，符合延性构件的定义。

（5）试验构件的滞回曲线反映出一定的滑移影响（包括主筋与混凝土的粘结破坏后在混凝土中的滑移和斜裂缝的张合产生的滑移等），有明显的捏拢效应。

（6）分析表明，隔孔灌混凝土速成墙板结构的延性系数、耗能能力要优于一般的组合砌体结构。

（7）有限元分析方法与试验现象和试验数据符合较好，该方法建立的力学模型是正确有效的，适合用于承载力分析。

（8）试验和有限元分析表明，隔一孔灌混凝土构件的最大等效应变集中在石膏墙板空腔与混凝土芯柱交界两侧，满灌混凝土构件的最大等效应变集中在芯柱混凝土的交界处，构件的最终破坏以此处石膏墙板的挤压破坏为前兆。

（9）有限元分析表明，芯柱混凝土的根部先于石膏墙板开裂。由于混凝土被包裹在石膏墙板的空腔中，这是在试验中所无法观测到的。

混凝土芯柱中不配竖向钢筋的纤维石膏墙板（简称无筋灌芯纤维石膏墙板）和灌孔混凝土芯柱中配置竖向钢筋的纤维石膏墙板（简称配筋灌芯纤维石膏墙板）的抗震性能不同，同期进行试验。本章介绍无筋灌芯纤维石膏墙板试件在低周反复水平荷载下的抗震性能；配筋灌芯纤维石膏墙板抗震性能试验见第5章。

本章试验主要内容如下。

（1）无筋灌芯纤维石膏墙板在低周反复水平荷载下的破坏机理、变形性能。

（2）在不同高厚比、竖向压力下，无筋灌芯纤维石膏墙板的承载力、变形能力、延性、耗能性能、刚度及其退化等性能。

（3）以试验数据为依据，推导无筋灌芯纤维石膏墙板的抗剪承载力计算公式。

4.2 单片无筋灌芯纤维石膏墙板抗震性能试验

4.2.1 试件的设计

灌芯纤维石膏墙板属于砌体材料的一种。震害表明，砌体房屋结构的墙体裂缝为交叉斜裂缝，因为裂缝应与主拉应力的方向竖直，所以这种斜裂缝主要是竖向力和水平力共同作用的结果。另外根据国内外的一些试验，试件高厚比、材料的力学性能、体积配筋率等都将影响墙体的抗震性能。因此，在设计试件时主要的参数应包括以下几点：竖向应力、试件高厚比、体积配筋率、孔内所灌混凝土强度等。本试验是研究不配筋试件的抗震性能，所以体积配筋率这一因素不予考虑。在此之前，已经做了大量关于该种灌孔墙体的竖向承载力的试验，主要考虑的因素有高厚比、混凝土强度等级等。试验结果表明，高厚比对结果影响较大，是必须考虑的因素。相同的高厚比下，通过对试件竖向承载力的试验研究，发现用强度等级为C25的混凝土进行灌芯的墙板承载力完全能够满足一般多层建筑的要求，因此，在设计试件时均采用强度等级为C25的混凝土。但在施工质量相同的情况下，认为试件的强度是随着孔内所灌混凝土强度的提高而提高的。因此，本次试验的试件只考虑高厚比和竖向压应力两个因素。

试件的高宽比取1:2、1:1、1.5:1三种情况，即试件的高×宽分别为1000mm×2000mm、1500mm×1500mm、1500mm×1000mm，在试件编号中分别用B、M和S表示。竖向荷载的设计依据是取用四层普通住宅建筑为参考，按照开间4m，楼板承重10kN/m² 考虑。试件的竖向应力取1.33N/mm²、1.0N/mm²、0.67N/mm² 三种情况，相当于开间为4m的四层建筑的一、二、三层墙体所承受的竖向压应力，在试件编号中分别用Ⅲ、Ⅱ和Ⅰ表示。另外考虑到锚固和施加水平力，须在墙板的上部和底部分别制作顶梁和底座。顶梁宽120mm，高200mm，长度与石膏墙板相同。底座尺寸为400mm×400mm，为了吊装和锚固方便，长度比石膏墙板长出500mm。顶梁与试件、底座与试件之间用L形螺纹钢筋锚固，在墙板内的锚固长度为200mm，每孔放置一根Φ12锚固筋。底座预留两个孔洞，并在两头放上四个铁环，以便将来锚固及吊装使用。

图4-1、图4-2为本试验的试件简图。

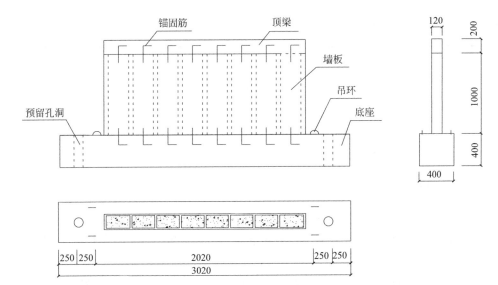

图 4-1 试件简图（B 型号试件）

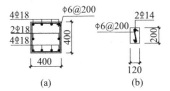

(a)　　　(b)

图 4-2 试件底座、顶梁简图

（a）底座配筋；（b）顶梁配筋

一共制作了 18 个试件，试件编号见表 4-1。

试件编号   表 4-1

序号	试件编号	试件尺寸(高×宽,mm)	竖向压应力(N/mm²)
1	BⅠ-1	1000×2000	0.67
2	BⅠ-2	1000×2000	0.67
3	BⅡ-1	1000×2000	1.00
4	BⅡ-2	1000×2000	1.00
5	BⅢ-1	1000×2000	1.33
6	BⅢ-2	1000×2000	1.33
7	MⅠ-1	1500×1500	0.67
8	MⅠ-2	1500×1500	0.67
9	MⅡ-1	1500×1500	1.00
10	MⅡ-2	1500×1500	1.00
11	MⅢ-1	1500×1500	1.33
12	MⅢ-2	1500×1500	1.33
13	SⅠ-1	1500×1000	0.67

序号	试件编号	试件尺寸(高×宽,mm)	竖向压应力(N/mm²)
14	SⅠ-2	1500×1000	0.67
15	SⅡ-1	1500×1000	1.00
16	SⅡ-2	1500×1000	1.00
17	SⅢ-1	1500×1000	1.33
18	SⅢ-2	1500×1000	1.33

4.2.2 试件的制作

试件制作顺序为：绑扎底座钢筋→支底座模板→浇底座混凝土→拆底座模板→放石膏空心板→绑扎顶梁钢筋→支顶梁模板→浇筑混凝土→拆模板→养护。预留同条件的混凝土立方体试块。

在浇筑混凝土过程中部分试件的石膏墙板被撑裂。造成石膏墙板开裂的原因主要为混凝土在浇筑过程中对石膏墙板底部有较大的冲力，墙板越高冲力越大，而石膏墙板的竖向肋部为其薄弱环节，在冲力作用下很容易开裂，如果再对浇筑的混凝土进行振捣，则更容易开裂。部分试件由于施工质量原因墙板发生了倾斜。在试验时，仅对其中9块质量合格的墙板进行了抗震试验，出现裂缝和倾斜的墙板不进行试验，从中挑选出几块剥去石膏层，对内部的混凝土芯柱进行抗压试验，与预留混凝土立方体试块进行强度对比。

4.2.3 试验加载系统

本试验的加载系统由竖向加载系统和水平加载系统两部分组成，整个加载系统如图4-3所示，图4-4为试验现场照片。

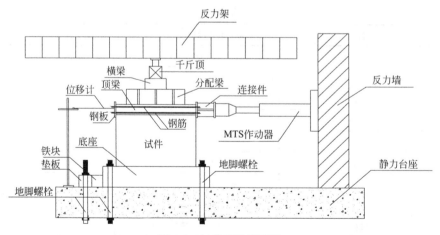

图 4-3 加载系统示意图

（1）竖向加载系统

承重墙体始终承受其上部传来的竖向荷载，地震作用时这些荷载依然存在，为模拟墙体承受的其上部传来的竖向荷载，在试件的顶梁上应施加均布荷载。试验中，在试件顶梁与千斤顶之间应放置一个横梁，将竖向集中荷载转化为均布荷载。竖向荷载在整个试验过程中都应保持不变，但由于试验中试件的变形会使荷载变小，故需用稳压器来控制竖向荷载的变化，一旦荷载低于某一设定值，稳压器会自动启动，使荷载恢复，本试验所采用的液压稳压器如图 4-5 所示。

在千斤顶与反力架之间装有特制的滚轴，以保证试件在产生水平位移时，试件顶部不至于由于摩擦力的存在而受到约束，另外还可以保证千斤顶的作用点与相对位置不会发生变化。试验时，试件顶梁由于施工质量的原因表面粗糙不平，铺垫一层细砂并应尽量使试件顶梁、横梁、连接件、千斤顶、滚轴的轴心在同一直线上。

图 4-4　试验现场　　　　　　　　图 4-5　液压稳压器

（2）水平加载系统

本试验采用液压伺服（MTS）作动器来施加水平力。试验中使用 243.45t 作动器，可提供 650kN 的推力和 445kN 的拉力，作动器活塞行程为 750mm。

4.2.4　试验加载制度

本试验的加载制度可概括为：首先施加竖向荷载，并保持竖向荷载不变，然后施加低周反复的水平荷载。

（1）竖向荷载加载制度

本试验的竖向荷载分别模拟四层建筑的一、二、三层墙板所承受的竖向力；墙板上压应力分别为：0.67 N/mm^2、1.00 N/mm^2、1.33 N/mm^2。试件尺寸不同，因此试件上施加的竖向压力也不同，具体数值见表 4-2。

竖向荷载加载值　　　　　　　　　　　　　　　表 4-2

试件顶面尺寸	竖向荷载(kN)		
（mm）	Ⅰ（0.67N/mm²）	Ⅱ（1.00N/mm²）	Ⅲ（1.33N/mm²）
120×2000	160.8	240.0	319.2
120×1500	120.6	180.0	239.4
120×1000	80.4	120.0	159.6

（2）水平荷载加载制度

本试验的水平荷载采用位移控制加载，即在加载过程中以位移作为控制量，按照一定的位移增幅进行循环加载，随着幅值的增加，循环周期越来越长。试验中第一循环的推、拉位移幅值为 0.5mm，第二循环比第一循环增加 0.5mm，为 1.0mm；以后每一循环的位移幅值比上一循环增加 0.5mm。推拉方向均出现裂缝后，每一循环的位移幅值比上一循环增加 2.0mm。达到极限荷载以后继续加载，直到拉压承载力都降到极限值的 85％以下，停止加载，试验结束。图 4-6 为本试验的加载方案。

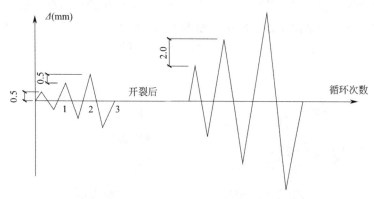

图 4-6　试验加载方案

4.2.5　试验数据采集

（1）裂缝的观测（人工完成）

试验时，每一循环位移达到定值后，由于大量的微小裂缝在荷载卸去后肉眼观测不到，所以要暂停 5min，用以观测裂缝。尤其要注意初始裂缝的出现，初始裂缝出现后，随着位移值的增大，新增裂缝逐渐增多，原有裂缝也不断发展延伸。石膏墙板开裂时会发出较大的劈裂声，这可以作为新增裂缝出现的标志。

（2）荷载-位移关系（MTS 自动采集）

MTS 多通道土木建筑结构电液伺服试验系统可以自动采集试验数据。包括每一循环的荷载-位移关系，可以自动生成滞回环曲线。可以同时采集内位移和外位移，作动器的位移为内位移，位移计采集的为外位移，可以通过比较内、外位移之差来检验试验的准确性。

4.3　单片无筋灌芯纤维石膏墙板试验结果

4.3.1　试件墙板裂缝

裂缝的发展是反映试件破坏程度的重要依据，因此试验中对裂缝的观测尤为重要。本试验中，各试件共有以下几种不同的裂缝。

（1）推拉网状斜裂缝

推拉网状斜裂缝为试件表面最主要的裂缝形态，分布于墙板的两个正面，由推拉力以及竖向压力共同作用产生。如图 4-7～图 4-11 所示为几个典型的推拉网状斜裂缝。

图 4-7 试件 BⅢ-1 正面斜裂缝

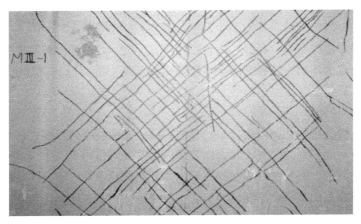

图 4-8 试件 MⅢ-1 正面斜裂缝

图 4-9 试件 MⅡ-1 正面斜裂缝

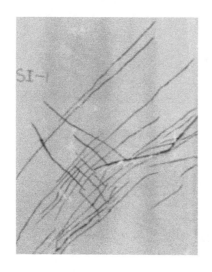

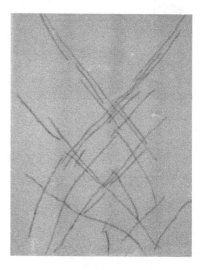

图 4-10　试件 SⅠ-1 斜裂缝　　　　　　　　图 4-11　试件 SⅡ-1 斜裂缝

该种裂缝分布比较密集，一般长度较长，但宽度较小，试件破坏时也不会出现较宽的斜裂缝。随着荷载的增加，该种裂缝会不断地出现新增裂缝，原有裂缝也不断发展延伸，比较有规律。

（2）推拉竖向裂缝

在试件的正面会出现几条随机分布的竖向裂缝。该种裂缝的形成主要是由于石膏墙板内部玻璃纤维分布的不均匀，在推拉力以及竖向力的共同作用下产生。该种裂缝在有些试件表面会出现一两条，有些试件表面则不出现，且在试验中一般不会随着荷载的增加而出现新增裂缝，但原有的裂缝会不断延伸加宽。斜裂缝在发展时遇到竖向裂缝，其延伸会受到一定限制。

如图 4-12、图 4-13 所示为几个典型的推拉竖向裂缝。

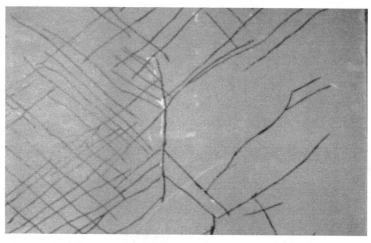

图 4-12　推拉竖向裂缝 1

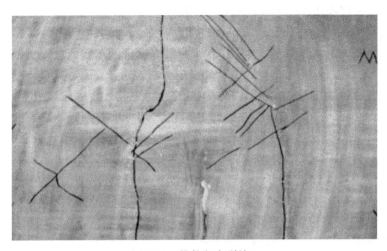

图 4-13 推拉竖向裂缝 2

（3）侧面裂缝

如图 4-14 所示为几个典型的侧面裂缝。试件的两个侧面较小，但裂缝发展比较明显，随着荷载的加大不断发展，破坏时裂缝较宽，最宽处可达 10mm。裂缝主要集中于试件侧面上下部位，有时会有一条裂缝沿试件侧面的竖向肋处贯通。裂缝的形状无规则，为交叉裂缝，但以竖向的挤压裂缝为主。破坏时最宽的裂缝都为竖向裂缝，且竖向裂缝的形状与竖向荷载试验中墙板的破坏形状较相似，在裂缝交叉密集处，试件破坏时，石膏墙板脱落，露出内部混凝土。

该种裂缝形成的原因主要为正面斜裂缝延伸和推拉力作用下挤压墙板两侧所致。其中推拉力作用下挤压墙板两侧形成的裂缝与竖向荷载时所产生的裂缝较相似。

图 4-14 典型的侧面裂缝

（4）其他裂缝

在试验时有些试件会出现一种竖向裂缝，其形状不同于一般裂缝，为石膏墙板外鼓所致，类似于石膏墙板被外力小角度折弯，如图 4-15 所示。在试验中几乎每块墙板都出现该种裂缝，裂缝周围石膏墙板明显外鼓，其出现部位及长度没有规律。

另外，在试验前有些试件由于施工质量原因已经开裂，有些是石膏墙板出厂时就已经开裂，有些是浇筑混凝土时将石膏墙板撑裂。试验前有一个试件在石膏墙板正面靠近下部有一条 30mm 左右长度的竖向裂缝。试验证实，该种竖向裂缝随着试验荷载的增加会不断发展延伸并加宽，但其并不影响斜裂缝的出现，对试件的承载力也无明显的影响。

4.3.2　试件混凝土芯柱裂缝分析

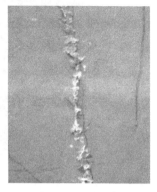

　　试验后，将试件外层的石膏剥开，即可观测到芯柱混凝土的裂缝，主要为顶梁和混凝土柱之间的水平裂缝，混凝土柱表面的推拉斜裂缝，如图 4-16 所示。

　　顶梁与混凝土柱之间的水平裂缝由剪切作用产生，裂缝穿过石膏墙板形成一条贯通裂缝，使得顶梁与混凝土柱之间的连接由钢筋来承担。斜向裂缝由推拉力产生，不穿过石膏墙板。无论是水平裂缝还是斜裂缝，都非常少。水平裂缝仅在顶梁处出现，在底座与混凝土柱之间没有出现；斜裂缝在靠近墙板外侧的混凝土边柱上有一到两条，而在内侧的混凝土柱上很少出现。

图 4-15　竖向裂缝

　　由此可以推断，整个试件并不是一个整体，而是类似于由石膏层包裹着的密排混凝土柱。

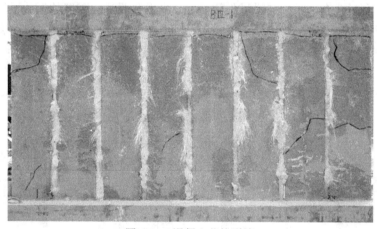

图 4-16　混凝土芯柱裂缝

4.3.3　试件的破坏形态

　　由于构件高宽比以及竖向荷载的不同，各试件的承载力均不相同，破坏过程也不相同。但总体上所有试件的破坏过程都比较相似，都分为开裂前的弹性阶段、开裂荷载到极限荷载之间的弹塑性阶段、极限荷载到破坏荷载之间的下降段。各试件的破坏过程的主要区别在于各阶段的荷载、位移、循环次数的不同。

　　（1）B 型号墙板试验过程及破坏现象

　　1）弹性阶段（约为加载的前 5 个循环）

　　加载的前几个循环，水平力较低，无明显的试验现象发生，也听不到任何声响，随着荷载的增加，位移的增大，在加载的每个循环接近极值时都会听到轻微的"啪啪"声，为少量的玻璃纤维被拉断时的声音，肉眼仍旧观测不到裂缝，无其他明显的试验现象发生，荷载与位移近似成比例增长。

水平加载到4~6个循环，水平力达到80~100kN，每个加载循环后期都会伴随有大量的轻微的"啪啪"声，随着几声响亮的"啪啪"声，石膏墙板开裂。此时可以用肉眼观测到第一条斜裂缝，裂缝较细，长度及出现位置没有规律，但一般较短。

2）弹塑性阶段（开裂后的3~5个循环）

试件开裂后即进入弹塑性阶段，此时继续加载，由于加载步幅增值的加大，开裂后的第一个循环试验现象非常明显。加载即将达到极值时，伴随有大量的"啪啪"声，随着荷载的增加，"啪啪"声逐渐加剧，石膏墙板出现3~5条新增裂缝。此后，随着位移及荷载的增加，直到极限荷载循环，试验现象比较相似，都是每个循环加载后期伴随大量的开裂声，石膏墙板大量开裂。每个循环都出现数条新增裂缝，原有裂缝也逐渐延伸、加宽。与此同时，试件侧面也出现大量裂缝，有些裂缝为施加推拉力时产生，有些裂缝为正面裂缝延伸所致。

当荷载加到第8~12个循环、荷载达到170~200kN时，试件达到极限承载力。试件表面的网状裂缝已相当密集。有些裂缝密集处，会出现七八条相距不到10mm的平行裂缝。有些裂缝已经有1mm宽，甚至有些裂缝已经贯通墙板。

3）下降段（达到极值后的3~4个循环）

达到极值以后继续加载，试件承载力逐级下降。墙板开裂的剧烈程度逐渐减小，开裂时的"啪啪"声也逐级减少。由于位移的继续增加，继续出现少量的新增裂缝，原有裂缝也不断延伸加宽。经过3~5个循环，荷载降到了极限荷载值的85%以下，停止加载。总的循环数为11~14个。

此时，观察墙板，两正面出现大量斜裂缝，形成密集的网状，且裂缝较长。裂缝密集且较宽处，石膏墙板会有少量脱落，其间夹杂一些无规律的竖向裂缝，如图4-7所示。试件两侧破坏最为严重，在两侧面的上部及下部，石膏墙板严重开裂破坏，甚至脱落，可见其内部的混凝土，如图4-14所示。

（2）M型号墙板破坏过程及破坏现象

M型号墙板高宽比为1：1，侧向承载力明显低于B型号的墙板，为90~140kN之间。开裂荷载也小于B型号的墙板，为70~90kN之间。M型号墙板的破坏现象与B型号墙板比较相似。其裂缝出现及发展的情况也与B型号的墙板比较相似，只是由于高宽比的不同造成斜裂缝倾斜角度不同，其裂缝分布如图4-8及图4-9所示。

弹性阶段为加载的前5~6个循环；弹塑性阶段比B型号的墙板稍长，为开裂后的5~7个循环；下降段持续的循环与B型号的墙板相比相差不大，总循环数为14~16个。

（3）S型号墙板破坏过程及破坏现象

相比B型号及M型号墙板，S型号墙板高宽比大，其承载力明显偏低，为50~70kN之间。开裂荷载最小，为40~50kN，总的位移较大，破坏时都能达到25mm以上。考虑到变形较大，所以该型号墙板的加载步幅改为开裂后每级增加3mm。

弹性阶段，无明显的试验现象。弹塑性阶段，试验现象非常不明显，只有在石膏墙板开裂时才出现明显的少量的"啪啪"声，每一循环只有少量的开裂，远不如B型号墙板及M型号墙板剧烈。极限荷载循环时也不会有大量的开裂。达到极限荷载后至破坏阶段，变形较大。试验中其裂缝出现及发展延伸情况与其他型号墙板比较相似，裂缝较少，如图4-10、图4-11所示。

4.3.4 试件的破坏机理分析

加载的前几个循环，试件处于弹性阶段，石膏墙板与混凝土芯柱共同承担水平力，共同变形，石膏墙板与混凝土芯柱之间没有相对滑移，没有裂缝出现，整个试件的位移与荷载近似成比例增长。

石膏墙板开裂时，石膏墙板与混凝土之间产生了相对滑移。在水平力作用下，石膏墙板与混凝土共同变形，但由于石膏为一种脆性材料，会先于混凝土开裂。石膏开裂后，所分担的承载力下降，但与混凝土芯柱粘结未被破坏的石膏层仍能承担部分水平力。

随着荷载的增加，以及表面裂缝的不断发展，石膏墙板的承载力逐级下降，而混凝土所分担的水平力逐级增加。随着位移及荷载的增加，当混凝土芯柱的应变达到其极限拉应变之后，混凝土芯柱开裂。最先开裂的为边缘的混凝土芯柱，由于试件内部没有钢筋，此后力逐渐向内侧的混凝土芯柱转移，整个试件的承载力仍能上升，但幅度有限。

当试件达到极限承载力时，石膏墙板由于严重开裂所承担的水平力已经非常少，混凝土芯柱也由于开裂以及损伤的不断积累，使整个试件的承载力达到了极限。

此后，随着继续加载，混凝土芯柱的承载力逐级降低。由于开裂的混凝土芯柱在反向加载时仍能承担压力以及承载力逐渐向内侧的混凝土芯柱转移，所以在达到极限荷载以后，试件的下降段比较平缓，尽管没有配竖向钢筋，试件也没有迅速丧失承载力。

综上所述，试件的破坏过程可概括为：开裂前，石膏墙板与混凝土芯柱共同承担水平力。开裂后，石膏墙板分担的水平力逐级减少，而混凝土芯柱分担的水平力逐级增加，达到一定程度后边缘混凝土芯柱开裂，荷载向内侧混凝土芯柱转移。极限荷载时，由于石膏墙板大量开裂，承载力主要由混凝土芯柱承担，混凝土芯柱由于损伤积累承载力已达极限。此后，试件水平承载力缓慢下降。

整个试件类似于由石膏层包裹着的密排混凝土芯柱，未开裂且与混凝土芯柱粘结良好的石膏层与混凝土芯柱共同分担承载力，随着石膏层的不断开裂，其对混凝土芯柱的约束作用逐渐降低，所分担的承载力也逐渐减少，直至试件破坏。

4.3.5 试件的开裂荷载、极限荷载

表 4-3 为各试件开裂、极限、破坏循环顶点值，其中 P_{cr}、Δ_{cr} 表示开裂荷载及开裂位移；P_u、Δ_u 表示极限荷载及其对应的位移；$P_{0.85}$、$\Delta_{0.85}$ 表示荷载降为极限荷载的 85% 时，试件破坏时的荷载及其对应的位移。

各试件试验数据 表 4-3

试件编号	P_{cr}(kN)	Δ_{cr}(mm)	P_u(kN)	Δ_u(mm)	$P_{0.85}$(kN)	$\Delta_{0.85}$(mm)
BⅠ-1	119.390	2.505	171.949	6.760	146.16	10.95
BⅡ-2	111.926	2.490	188.780	9.998	160.46	16.25
BⅢ-1	102.069	2.493	212.020	6.988	180.22	14.87
MⅠ-1	80.354	3.493	98.225	9.480	83.51	18.53
MⅡ-1	84.838	2.990	110.117	16.500	93.60	23.46
MⅢ-1	99.212	2.995	137.570	12.490	116.94	18.50
SⅠ-1	45.351	4.498	49.860	13.503	42.39	23.28

试件编号	P_{cr}(kN)	Δ_{cr}(mm)	P_u(kN)	Δ_u(mm)	$P_{0.85}$(kN)	$\Delta_{0.85}$(mm)
SⅡ-1	54.552	4.995	62.098	8.478	52.79	23.09
SⅢ-2	51.990	4.998	66.948	20.010	56.91	27.43

4.3.6 试件用灌芯混凝土抗压强度

通过对 3 个预留立方体试块和未进行试验的试件孔内所灌混凝土进行强度检测，本次试验发现孔内混凝土浇筑质量非常好，其强度值与试块的强度比较一致，通过对预留试块进行抗压试验并计算，得出孔内所灌混凝土的抗压强度，列于表 4-4 中。

预留混凝土试块抗压强度   表 4-4

试块编号	1	2	3
f_c(N/mm²)	13.511	14.001	13.357
平均值(N/mm²)	13.623		

4.4 单片无筋灌芯纤维石膏墙板抗震性能分析

4.4.1 试件的滞回曲线

构件低周反复加载试验所得的荷载-位移全过程曲线，称为荷载-位移滞回曲线。其中，每一个加载—卸载—反向加载—卸载过程形成的一条曲线称为滞回环。

滞回曲线可以全面描述墙板的恢复力特性，并反映出结构或者构件的耗能能力（即在地震作用下塑性变形吸收能量的能力），也是各种抗震性能指标的计算依据。本试验中几个典型的滞回曲线如图 4-17～图 4-24 所示。

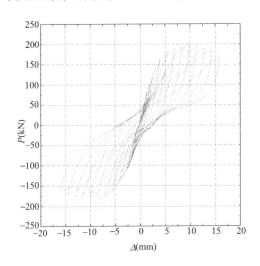

图 4-17 试件 BⅡ-2 滞回环曲线

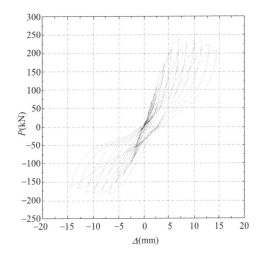

图 4-18 试件 BⅡ-1 滞回环曲线

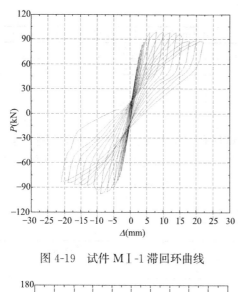

图 4-19　试件 M I -1 滞回环曲线

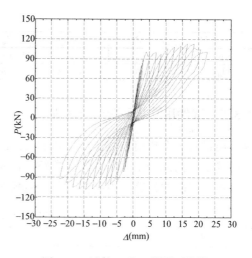

图 4-20　试件 M II -1 滞回环曲线

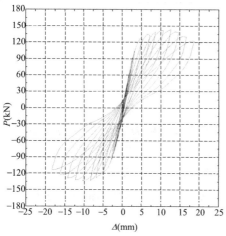

图 4-21　试件 M III -1 滞回环曲线

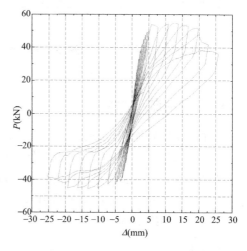

图 4-22　试件 S I -1 滞回环曲线

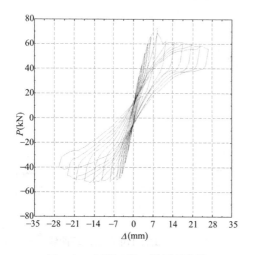

图 4-23　试件 S II -1 滞回环曲线

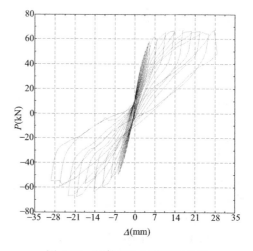

图 4-24　试件 S III -2 滞回环曲线

所有试件的滞回环曲线都比较相似。试件开裂前，滞回环曲线基本为一条直线，滞回环包围的面积很小，各条滞回环基本上重合，墙板处于弹性阶段，荷载与位移近似成比例增长，卸载后残余变形很小。开裂后，随着荷载的增大，滞回曲线发生弯曲，并且逐渐向位移轴倾斜，滞回环越来越饱满，包围的面积越来越大，说明耗能能力越来越强。能量主要消耗在石膏墙板以及混凝土芯柱裂缝的增加、延伸以及石膏墙板与混凝土芯柱的剥离上，整个墙体处于弹塑性阶段。极限荷载以后，承载力逐级下降，滞回环更加偏向位移轴，包围的面积仍然逐级增加。此时的能量主要消耗在混凝土芯柱裂缝的出现及发展上，石膏墙板的裂缝已不再消耗能量。卸载后残余变形逐级增加，试件表现出明显的塑性。

各型号墙板的曲线的不同处主要在于各阶段荷载、位移值的不同。极限荷载和开裂荷载由大到小为 B 型号、M 型号、S 型号；极限位移和开裂位移由大到小为 S 型号、M 型号、B 型号。

4.4.2 无筋灌芯墙板的标准滞回环

由图 4-17～图 4-24 各试件的滞回环可以看出，随着位移的增大，滞回环越来越饱满。为了应用及分析的方便，将各试件极限荷载时的滞回环简化为图 4-25 所示的标准滞回环。其中，a 点为极限荷载循环时滞回环与位移坐标轴交点的平均值与极限位移的比值；P_u 和 Δ_u 为各试件的极限荷载及与之对应的极限位移，见表 4-3。各试件的 a 值列于表 4-5 中。

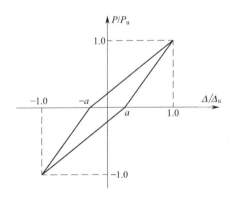

图 4-25　标准滞回环

各试件 a 值　　　　　　　　表 4-5

试件编号	BⅠ-1	BⅡ-2	BⅢ-1	MⅠ-1	MⅡ-1	MⅢ-1	SⅠ-1	SⅡ-1	SⅢ-2
a	0.252	0.278	0.190	0.126	0.156	0.112	0.114	0.115	0.117

a 的数值越大表明滞回环越饱满，试件的耗能性能就越强。

4.4.3 试件的骨架曲线

根据试验数据，将正反两个加载方向每一循环峰值时的荷载-位移值都取绝对值，并对其取平均值，画到第一象限，将各点相连，就得到试件的骨架曲线。

各试件的骨架曲线如图 4-26～图 4-34 所示。

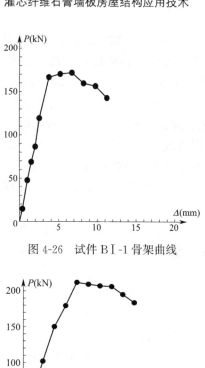

图 4-26　试件 BⅠ-1 骨架曲线

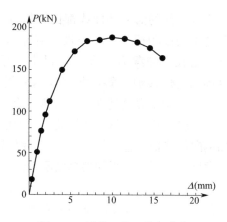

图 4-27　试件 BⅡ-2 骨架曲线

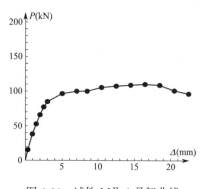

图 4-28　试件 BⅢ-1 骨架曲线

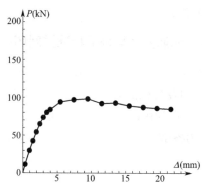

图 4-29　试件 MⅠ-1 骨架曲线

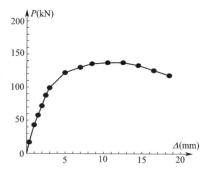

图 4-30　试件 MⅡ-1 骨架曲线

图 4-31　试件 MⅢ-1 骨架曲线

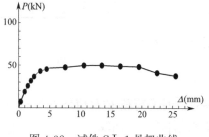

图 4-32　试件 SⅠ-1 骨架曲线

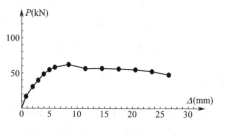

图 4-33　试件 SⅡ-1 骨架曲线

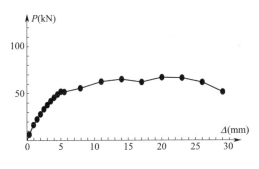

图 4-34 试件 SⅢ-2 骨架曲线

利用试件的荷载-位移骨架曲线可以确定并计算出试件在水平荷载作用下的一些相关量,如开裂荷载 P_{cr}、开裂位移 Δ_{cr}、极限荷载 P_u、极限荷载位移 Δ_u、屈服荷载 P_y、屈服位移 Δ_y 等数值。

由图 4-26~图 4-34 可以看出,各试件的骨架曲线都非常相似,与单调加载下的荷载-位移曲线基本是一致的,都分为开裂前的弹性阶段、弹塑性阶段和下降段。弹性阶段,位移与荷载近似成比例增长;弹塑性阶段,荷载、位移继续增加,曲线向位移轴偏斜;下降段中位移继续加大,荷载缓慢下降。

为了应用及分析的方便,我们将试件的骨架曲线简化为三线型,用 P 做纵坐标,Δ 做横坐标,从而绘制出各试件的三线型简化曲线。因为试件加载的最后一个循环,荷载不可能正好降为极限荷载的 85%,因此 $P_{0.85}$、$\Delta_{0.85}$ 由试件骨架曲线推出,为骨架曲线上荷载降为极限荷载的 85% 时,骨架曲线上相应的荷载及位移值,具体数值见表 4-6。

各试件的 $P_{0.85}$、$\Delta_{0.85}$ 表 4-6

试件编号	BⅠ-1	BⅡ-2	BⅢ-1	MⅠ-1	MⅡ-1	MⅢ-1	SⅠ-1	SⅡ-1	SⅢ-2
$P_{0.85}$ (kN)	146.162	160.464	180.221	83.505	93.604	116.936	42.387	52.791	56.914
$\Delta_{0.85}$ (mm)	10.953	16.248	14.870	18.530	23.462	18.503	23.283	23.089	27.434

由于墙板试验本身误差非常大,每一种型号的试件只做了一个,所以试验数据离散性很大。为了便于分析和应用,把九个试件分别按照相同的高宽比、竖向压应力分成两组,求出其平均值,绘制出相应的三线型骨架曲线。如图 4-35 和图 4-36 所示。其中,图 4-35 表示高宽比对骨架曲线的影响,图 4-36 表示竖向压应力对骨架曲线的影响。

由图 4-35 可以看出,三种不同高宽比的墙板相比较,B 型号墙板骨架曲线较陡,荷载最大,破坏时位移最小;S 型号墙板骨架曲线最平缓,荷载最小,开裂后需经较大位移才破坏,破坏时位移最大。各个阶段的荷载值都是 B 型号墙板最大,其次为 M 型号墙板,最小为 S 型号墙板。各阶段位移由大到小为 S 型号墙板、M 型号墙板、B 型号墙板。试件的尺寸对骨架曲线的三个阶段影响均较大。

由图 4-36 可以看出,竖向压力越大,试件的承载力就越高,极限位移也就越大。三条曲线在弹性阶段比较接近,弹塑性阶段及下降段才稍有区别,可以判断出竖向压力对试

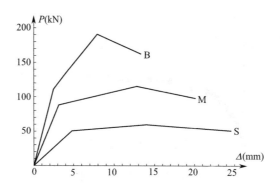

图 4-35 不同高宽比试件三线型骨架曲线

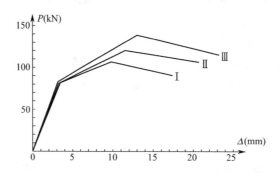

图 4-36 竖向压应力不同试件三线型骨架曲线

件弹性阶段的影响不大，主要是对弹塑性阶段有些影响。

比较图 4-35 和图 4-36 可以看出，试件的尺寸对骨架曲线的影响，包括开裂荷载、极限荷载、开裂位移、极限位移等，都要大于竖向压应力对曲线的影响。

4.4.4 试件的等效屈服强度

对于有明显屈服点的试件，屈服位移的确定比较简单，可以直接从试件骨架曲线上确定其屈服点。而对于那些骨架曲线上没有明显屈服点的试件，就不能直接从骨架曲线上确定其屈服荷载，但可以利用骨架曲线间接地计算出其屈服荷载，通常有以下方法：耗能等效面积互等法、屈服弯矩法等。这两种方法都要通过原点切线来确定屈服点，但原点切线一般较难绘制，而且随意性很大，得出的屈服荷载和屈服位移随机性很大，极不准确。因此，本书采用等效面积互等法来确定试件的屈服强度，此法克服了以往作原点切线随意性很大的缺点，得出的屈服点也是唯一的。

如图 4-37 所示，为等效面积互等法计算简图。曲线 OGADEF 为试件的骨架曲线，F 点对应的荷载为极限荷载的 85%。作直线 OB，交骨架曲线于 A 点，使得图形 ABD 的面积等于图形 AGO 的面积；作直线 CH，使得图形 EHF 的面积等于图形 EDBC 的面积。直线 CH 与 OB 交于 C 点，曲线 OCH 即为等效的骨架曲线，则 C 点即为等效屈服点，从而确定出等效屈服位移及等效屈服荷载。

经计算，各试件的等效屈服荷载及等效屈服位移列于表 4-7 中。

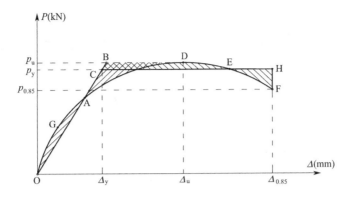

图 4-37 等效面积互等法计算简图

各试件的等效屈服荷载及等效屈服位移   表 4-7

试件编号	BⅠ-1	BⅡ-2	BⅢ-1	MⅠ-1	MⅡ-1	MⅢ-1	SⅠ-1	SⅡ-1	SⅢ-2
P_y(kN)	165.892	183.964	202.130	93.635	107.801	133.394	48.761	58.352	65.964
Δ_y(mm)	3.624	4.783	5.352	4.046	5.016	4.724	3.908	4.671	7.247

4.4.5　试件的延性

延性是指材料、构件和结构在荷载作用或其他间接作用下，进入非线性状态后在承载能力没有显著降低情况下的变形能力。

结构的延性是研究塑性设计方法和抗震设计理论发展的基础。描述延性常用的变量有：材料的韧性、截面的曲率延性系数、构件或结构的位移延性系数、塑性角转角能力、耗能能力等。本书采用试件的位移延性系数来反映各试件的延性。

构件或结构的位移延性系数是指极限位移对屈服位移的比值：

$$\mu = \Delta_u / \Delta_y \tag{4-1}$$

式中　Δ_u——极限位移；

　　　Δ_y——屈服位移。

如图 4-38 所示，试件Ⅱ的延性要明显高于试件Ⅰ的延性，所以式(4-1)不应当只反映试件骨架曲线的上升段，还应当包括曲线的下降段，但应该是在承载力不显著降低的范围内。

现行行业标准《建筑抗震试验规程》JGJ/T 101 对试件的破坏荷载及极限变形做了统一规定，破坏荷载和极限位移是指极限荷载下降 85% 时的荷载和相应的变形值。因此，极限位移改取为荷载降为极限荷载的 85% 时对应的位移，由试件的骨架曲线确定，计作 $\Delta_{0.85}$；屈服位移 Δ_y 取表 4-7 中所列数值，各参数值如图 4-39 所示。

$$\mu' = \Delta_{0.85} / \Delta_y \tag{4-2}$$

经计算，各试件的位移延性系数列于表 4-8 中。由表中数据可以看出，整体上各试件的延性随着高宽比的增大而增加，相同高宽比的试件的延性随着竖向压应力的增大有降低的趋势。

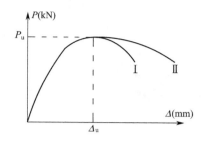

图 4-38 荷载-位移曲线

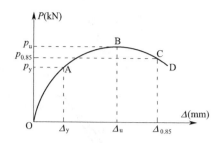

图 4-39 位移延性系数参数图

各试件的位移延性系数   表 4-8

试件编号	BⅠ-1	BⅡ-2	BⅢ-1	MⅠ-1	MⅡ-1	MⅢ-1	SⅠ-1	SⅡ-1	SⅢ-2
Δ_y(mm)	3.624	4.783	5.352	4.046	5.016	4.724	3.908	4.671	7.247
Δ_u(mm)	6.760	9.998	6.998	9.480	16.500	12.490	13.503	8.478	20.010
$\Delta_{0.85}$(mm)	10.953	16.248	14.870	20.970	23.462	18.808	23.283	23.089	27.434
μ	1.865	2.090	1.308	2.343	3.289	2.644	3.455	1.815	2.761
μ'	3.022	3.397	2.778	5.183	4.677	3.981	5.958	4.943	3.786

为了研究各试件延性与试件高宽比和竖向压应力的关系，将相同高宽比及相同竖向压应力墙板的位移延性系数分别取平均值，列于表 4-9 中，并绘制成曲线。

位移延性系数   表 4-9

类型	B(0.5)	M(1.0)	S(1.5)	Ⅰ(0.67)	Ⅱ(1.0)	Ⅲ(1.33)
μ'	3.066	4.614	4.896	4.721	4.339	3.515

图 4-40 及图 4-41 为位移延性系数 μ' 与高宽比（h/b）及竖向压应力（σ_0）的关系。

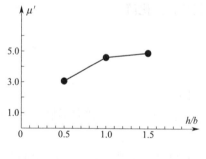

图 4-40 μ' 与 h/b 的关系

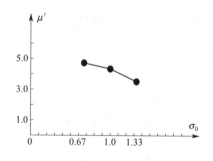

图 4-41 μ' 与 σ_0 的关系

由图 4-40 及图 4-41 可以看出，在相同的竖向压应力下，对于各型号墙板，延性由大到小为 S、M、B；相同型号的墙板，在不同的竖向压应力下，延性由大到小为 Ⅰ、Ⅱ、Ⅲ。即竖向压应力越大，试件延性越小；高宽比越大，试件延性越大。各因素对试件延性的影响近似于直线关系，可以用数值分析中的最小二乘法来拟合直线。以图 4-40 为例介绍计算过程，其他图形计算方法相同，其中 x_i 为试件高宽比 h/b，y_i 为位移延性系数 μ'。

$$y_i = f(x_i) \quad i = 0,1,2$$

$$x_i = 0.5, 1.0, 1.5; \quad y_i = 3.006, 4.614, 4.896$$

$$(\varphi_0, \varphi_0) = \sum_0^2 1 = 3 \qquad (\varphi_1, \varphi_0) = (\varphi_0, \varphi_1) = \sum_0^2 x_i = 3$$

$$(\varphi_1, \varphi_1) = \sum_0^2 x_i^2 = 3.5 \qquad (f, \varphi_0) \sum_0^2 y_i = 12.516 \qquad (f, \varphi_1) = \sum_0^2 x_i y_i = 13.461$$

$$\begin{bmatrix} (\varphi_0, \varphi_0) & (\varphi_1, \varphi_0) \\ (\varphi_0, \varphi_1) & (\varphi_1, \varphi_1) \end{bmatrix} \begin{bmatrix} a_0 \\ a_1 \end{bmatrix} = \begin{bmatrix} (f, \varphi_0) \\ (f, \varphi_1) \end{bmatrix} \Rightarrow \begin{bmatrix} 3 & 3 \\ 3 & 3.5 \end{bmatrix} \begin{bmatrix} a_0 \\ a_1 \end{bmatrix} = \begin{bmatrix} 12.516 \\ 13.461 \end{bmatrix}$$

$$\Rightarrow \begin{cases} 3a_0 + 3a_1 = 12.516 \\ 3a_0 + 3.5a_1 = 13.461 \end{cases} \Rightarrow \begin{cases} a_0 = 2.362 \\ a_1 = 1.830 \end{cases}$$

$$\Rightarrow \quad y_i = 2.362 + 1.830 x_i \quad i = 0,1,2 \quad \Rightarrow \mu' = 2.362 + 1.830(h/b)$$

同理也可计算出 μ' 与 σ_0 之间的线性关系: $\mu' = 6.0189 - 1.8273\sigma_0$

$$\Rightarrow \begin{cases} \mu' = 2.362 + 1.830(h/b) \\ \mu' = 6.0189 - 1.8273\sigma_0 \end{cases}$$

$$\Rightarrow \quad \mu' = 4.133 + 1.830(h/b) - 1.827\sigma_0 \tag{4-3}$$

4.4.6 试件的耗能性能

耗能性能是指构件或者结构在地震作用下发生塑性变形，吸收能量的能力。结构的抗震能力，主要在于结构的耗能能力。目前比较常用的量化耗能性能的方法主要有等效黏滞阻尼系数和功比系数。本书采用等效黏滞阻尼系数来衡量试件各阶段的耗能性。

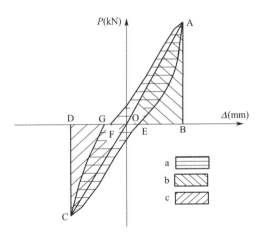

图 4-42 等效黏滞阻尼系数计算方法

如图 4-42 所示，点 A、E、C、G、F 所包围的面积（滞回环所包围的面积）计为 a，点 A、B、O 所包围的三角形面积计为 b，点 C、D、O 所包围的三角形面积计为 c，φ 表示试件的耗能比，ξ_{ec} 表示等效黏滞阻尼系数。则：

$$\varphi = a/(b+c) \tag{4-4}$$

$$\xi_{ec} = \varphi/2\pi \tag{4-5}$$

面积 a 为表示滞回环所包围的面积，表示加载一个循环中试件所吸收的能量，这一部分为不能恢复的变形能；面积（$b+c$）表示加载一个循环中总的变形能。显然，滞回环越饱满，试件的等效黏滞阻尼系数就越大，试件的耗能性就越好，结构在地震中吸收的能量就越多，结构的抗震能力也就越好。

经计算，各试件的耗能比及等效黏滞阻尼系数列于表 4-10 中。从表 4-10 可以看出，对于每个试件而言，其耗能性是随着荷载的增加而逐渐增加的。即耗能性由大到小为破坏荷载循环、极限荷载循环、开裂荷载循环。对于不同的试件，只研究极限荷载循环时各试件耗能性与试件高宽比和竖向压应力的关系，为了研究方便，将相同型号及相同竖向压应力墙板的极限荷载循环时的耗能比分别取平均值列于表 4-11 中，并绘成曲线。

各试件的耗能比及等效黏滞阻尼系数　　　　　　　表 4-10

试件编号	荷载	a	$b+c$	φ	ξ_{ec}
BⅠ-1	P_{cr}	12.330	20.764	0.594	0.095
	P_u	84.758	128.482	0.660	0.105
	P'	104.613	150.738	0.694	0.110
BⅡ-2	P_{cr}	12.523	28.461	0.440	0.070
	P_u	147.090	242.595	0.606	0.096
	P'	196.403	302.740	0.649	0.103
BⅢ-1	P_{cr}	8.917	26.858	0.332	0.053
	P_u	99.662	188.990	0.527	0.084
	P'	184.055	308.162	0.597	0.095
MⅠ-1	P_{cr}	14.339	37.779	0.380	0.060
	P_u	52.282	113.696	0.460	0.073
	P'	158.800	250.611	0.634	0.101
MⅡ-1	P_{cr}	8.438	27.932	0.302	0.048
	P_u	85.764	190.014	0.451	0.072
	P'	121.661	234.392	0.519	0.083
MⅢ-1	P_{cr}	8.961	32.815	0.273	0.043
	P_u	93.279	214.624	0.435	0.069
	P'	139.196	278.259	0.500	0.080
SⅠ-1	P_{cr}	8.354	22.320	0.374	0.060
	P_u	42.661	90.293	0.472	0.075
	P'	92.899	149.367	0.622	0.099
SⅡ-1	P_{cr}	12.197	31.195	0.391	0.062
	P_u	29.846	65.562	0.455	0.072
	P'	108.599	201.927	0.538	0.086
SⅢ-2	P_{cr}	10.554	27.880	0.379	0.060
	P_u	80.765	172.571	0.468	0.074
	P'	116.642	219.020	0.533	0.085

注：表中 P_{cr}、P_u、P' 对应的数值表示加载过程中每个试件开裂荷载、极限荷载、破坏荷载循环时的相应值。

极限荷载时耗能比　　　　　　　表 4-11

类型	B(0.5)	M(1.0)	S(1.5)	Ⅰ(0.67)	Ⅱ(1.0)	Ⅲ(1.33)
φ	0.598	0.449	0.465	0.531	0.504	0.477

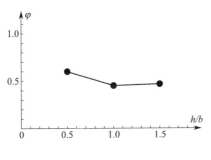

图 4-43　φ 与 h/b 关系　　　　　　图 4-44　φ 与 σ_0 关系

图 4-43 和图 4-44 表示各试件极限荷载循环时，试件的耗能比与各因素的关系。从图可以看出，试件的耗能性随高宽比和竖向压应力的增加而缓慢降低，并且近似为直线关系，经回归分析可得出其间的线性关系：

$$\left.\begin{array}{l} \varphi=0.637-0.133h/b \\ \varphi=0.5858-0.0818\sigma_0 \end{array}\right\} \Rightarrow \quad \varphi=0.719-0.133(h/b)-0.082\sigma_0 \qquad (4\text{-}6)$$

由式(4-6)可以看出，各试件的耗能性随着高宽比及竖向压应力的增大而降低，总体上，高宽比对试件耗能性的影响要大于竖向压应力。

4.4.7　试件的开裂刚度

割线刚度：同一位移所对应的骨架曲线上推拉两个方向荷载绝对值与位移绝对值之和的比值，计作：

$$K=(|P_1|+|P_2|)/(|\Delta_1|+|\Delta_2|) \qquad (4\text{-}7)$$

其中：P_1、P_2、Δ_1、Δ_2 分别表示推拉两个方向每个循环荷载与位移的极值。

试件开裂荷载时的刚度即为试件的开裂刚度，计作：

$$K_{cr}=P_{cr}/\Delta_{cr} \qquad (4\text{-}8)$$

各试件的开裂刚度见表 4-12。

各试件的开裂刚度　　　　　　　　　　　　　　　　表 4-12

试件编号	BⅠ-1	BⅡ-2	BⅢ-1	MⅠ-1	MⅡ-1	MⅢ-1	SⅠ-1	SⅡ-1	SⅢ-2
K_{cr}(kN/mm)	47.662	44.951	40.944	23.007	28.370	33.135	10.085	10.924	10.405

为了分析试件开裂刚度与试件高宽比和竖向压应力的关系，将相同型号及相同竖向压应力墙板的开裂刚度分别取平均值，列于表 4-13 中，并绘制出曲线，如图 4-45 和图 4-46 所示。

开裂刚度　　　　　　　　　　　　　　　　表 4-13

类型	B(0.5)	M(1.0)	S(1.5)	Ⅰ(0.67)	Ⅱ(1.0)	Ⅲ(1.33)
K_{cr}(kN/mm)	44.519	28.171	10.471	26.918	28.082	28.161

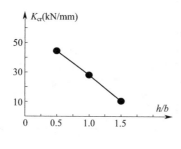

图 4-45　K_{cr} 与 h/b 的关系

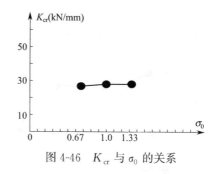

图 4-46　K_{cr} 与 σ_0 的关系

由图 4-45 及图 4-46 可以看出，高宽比对开裂刚度的影响较大，开裂刚度随着高宽比的增大降低较快；而竖向压应力对开裂刚度的影响不明显。开裂刚度与各因素之间也近似于线性关系，因此也可以用数值分析的最小二乘法来拟合开裂刚度与各因素的线性关系，拟合的结果见式(4-9)。

$$\left.\begin{array}{l} K_{cr}=61.768-34.048(h/b) \\ K_{cr}=25.837+1.883\sigma_0 \end{array}\right\} \Rightarrow$$

$$K_{cr}=59.890+1.883\sigma_0-34.048(h/b) \tag{4-9}$$

4.4.8　试件的刚度退化

试件在加载过程中刚度是不断降低的。导致刚度退化的原因主要是试件的损伤积累，具体表现为混凝土与石膏之间的粘结滑移、石膏墙板的开裂、混凝土芯柱的开裂。

各试件的刚度退化趋势如图 4-47～图 4-55 所示，并用二次多项式来拟合刚度退化曲线。

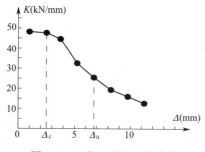

图 4-47　BⅠ-1 刚度退化曲线

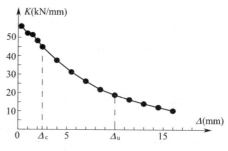

图 4-48　BⅡ-2 刚度退化曲线

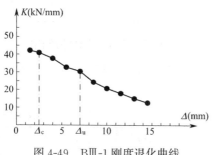

图 4-49　BⅢ-1 刚度退化曲线

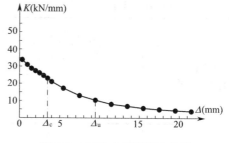

图 4-50　MⅠ-1 刚度退化曲线

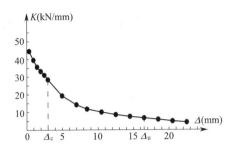

图 4-51　MⅡ-1 刚度退化曲线

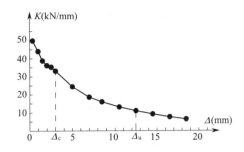

图 4-52　MⅢ-1 刚度退化曲线

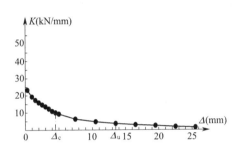

图 4-53　SⅠ-1 刚度退化曲线

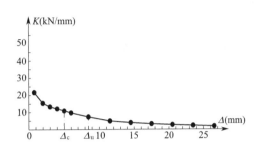

图 4-54　SⅡ-1 刚度退化曲线

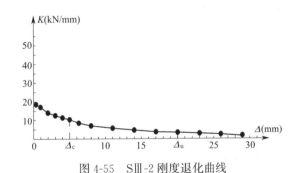

图 4-55　SⅢ-2 刚度退化曲线

由各试件的刚度退化曲线可以看出，各试件的刚度退化曲线都比较相似，试件的刚度在加载初期退化的速度较快，尤其是在试件开裂之前。加载后期，刚度退化较慢，随着位移的增加刚度缓慢衰减，加载初期各型号试件的刚度由大到小为 B、M、S。

各试件的刚度退化曲线类似于二次多项式曲线，可以表示为式(4-10)：

$$K = A\frac{P_u}{\Delta_u} + B\frac{P_u}{\Delta_u^2}\Delta + C\frac{P_u}{\Delta_u^3}\Delta^2 \tag{4-10}$$

经回归计算，将各试件的 A、B、C 值列于表 4-14。

回归系数表　　　　　　　　　　　　　　　　　　　　　　表 4-14

编号	BⅠ-1	BⅡ-2	BⅢ-1	MⅠ-1	MⅡ-1	MⅢ-1	SⅠ-1	SⅡ-1	SⅢ-2
A	22.112	30.882	15.704	32.460	62.832	43.237	54.131	26.470	50.561
B	−12.210	−30.291	−6.642	−30.266	−109.435	−57.675	−75.546	−19.951	−79.781
C	0.923	9.214	0.475	8.077	52.650	22.662	27.655	4.125	35.717
R^2	0.962	0.998	0.994	0.994	0.972	0.986	0.940	0.949	0.965

为了应用方便，取其平均值，从而可以推出所有试件骨架曲线上每一点的刚度计算公式：

$$\bar{A} = 37.592, \bar{B} = -46.863, \bar{C} = 17.944 \Rightarrow$$

$$K = 37.592\frac{P_u}{\Delta_u} - 46.863\frac{P_u}{\Delta_u^2}\Delta + 17.944\frac{P_u}{\Delta_u^3}\Delta^2 \qquad (4\text{-}11)$$

4.4.9 试件的恢复力模型

恢复力是指构件或者结构在外荷载卸除以后恢复原来形状的能力。恢复力特性曲线是恢复力随着变形变化的曲线。将恢复力-变形的关系曲线简化成数学方式表达的便于应用的模型，称为恢复力模型。

恢复力模型概括了构件或者结构的刚度、强度、延性和耗能等多方面的力学特征，它是结构弹塑性动力反应分析的重要依据。目前常用的恢复力模型可以分为两大类：双线型和考虑刚度退化的三线型。本书所采用的恢复力模型是根据试件本身的特性所得到的。

试件的骨架曲线上每一个点都对应着一个标准滞回环，将骨架曲线与标准滞回环组合起来即可得到试件的简化恢复力模型，如图 4-56 所示。

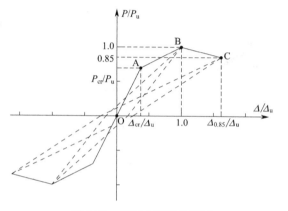

图 4-56　恢复力模型参数图

图 4-56 中，P_{cr} 为开裂荷载，Δ_{cr} 为开裂位移；P_u 为极限荷载，Δ_u 为极限荷载时对应的位移；$\Delta_{0.85}$ 为荷载降为极限荷载 85% 时对应的位移。

根据试验结果，试件恢复力模型中各阶段的数值计算如下。

（1）弹性阶段：从开始加载到试件开裂，墙体处于弹性阶段，荷载-位移曲线为线性关系，如图 4-56 中的 OA 段。

（2）弹塑性阶段：从墙体开裂到极限荷载阶段，如图 4-56 中的 AB 段。

（3）卸载阶段：从极限荷载到荷载降为极限荷载的 85%，如图 4-56 中的 BC 段。

墙体各阶段的恢复力模型参数值列于表 4-15，并绘制成恢复力模型曲线，如图 4-57～图 4-65 所示。

恢复力模型参数值　　　　　　　　　　　　　　　　　　　　　　　表 4-15

试件编号	BⅠ-1	BⅡ-2	BⅢ-1	MⅠ-1	MⅡ-1	MⅢ-1	SⅠ-1	SⅡ-1	SⅢ-2
Δ_{cr}/Δ_u	0.371	0.249	0.356	0.368	0.181	0.240	0.333	0.589	0.250
P_{cr}/P_u	0.694	0.593	0.481	0.818	0.770	0.721	0.910	0.878	0.777
Δ'/Δ_u	1.620	1.625	2.125	2.212	1.422	1.506	1.724	2.723	1.371

由于灌芯纤维石膏墙板材料既不同于钢材又不同于其他的脆性材料，因此，采用其他的恢复力模型不能很好地反映该种材料的力学性能。图 4-57～图 4-65 所采用的恢复力模型是根据试件本身的特性所得到的，它很好地概括了该种墙体材料的刚度、强度、延性和耗能等多方面的力学特征，作为该种墙体材料的恢复力模型是比较吻合的。

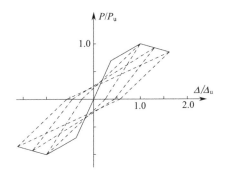

图 4-57 BⅠ-1 恢复力模型

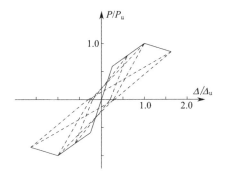

图 4-58 BⅡ-2 恢复力模型

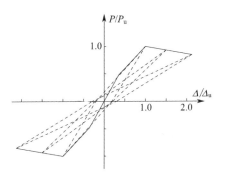

图 4-59 BⅢ-1 恢复力模型

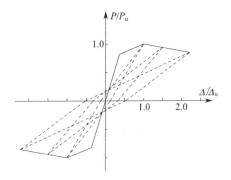

图 4-60 MⅠ-1 恢复力模型

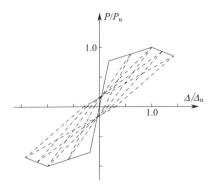

图 4-61 MⅡ-1 恢复力模型

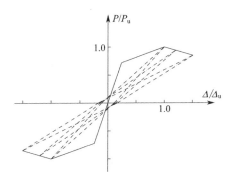

图 4-62 MⅢ-1 恢复力模型

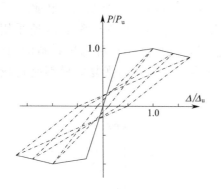

图 4-63　SⅠ-1 恢复力模型

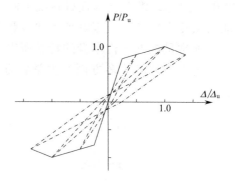

图 4-64　SⅢ-2 恢复力模型

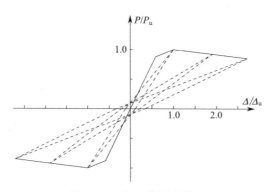

图 4-65　SⅡ-1 恢复力模型

4.5　无筋灌芯纤维石膏墙板抗剪承载力计算

4.5.1　抗剪强度影响因素

$$抗剪强度\quad R_\tau = P_u / A_1 \tag{4-12}$$

式中　P_u——试件的极限荷载；

A_1——试件顶面面积，$A_1 = b \times d$；

b——试件的宽度，B、M、S 三种型号试件分别取 2020、1520、1020mm；

d——试件的厚度，取 120mm。

各墙板的 R_τ 经计算列于表 4-16 中。

试件的抗剪强度

表 4-16

试件编号	BⅠ-1	BⅡ-2	BⅢ-1	MⅠ-1	MⅡ-1	MⅢ-1	SⅠ-1	SⅡ-1	SⅢ-2
P_u(kN)	171.949	188.780	212.020	98.225	110.117	137.570	49.860	62.098	66.948
A_1(mm²)		242400			182400			122400	
R_τ(N/mm²)	0.709	0.779	0.875	0.539	0.604	0.754	0.407	0.507	0.547

为了研究各试件极限荷载与高宽比和竖向压应力的关系，将相同型号及相同竖向压应力墙板的抗剪强度分别取平均值，列于表4-17中，并绘制成曲线。

抗剪强度平均值 表4-17

类型	B(0.5)	M(1.0)	S(1.5)	Ⅰ(0.67)	Ⅱ(1.0)	Ⅲ(1.33)
R_τ(N/mm^2)	0.788	0.632	0.487	0.552	0.630	0.725

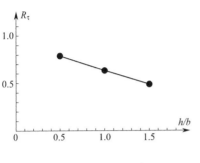

图 4-66 R_τ 与 h/b 关系　　　　　图 4-67 R_τ 与 σ_0 关系

图4-66及图4-67分别表示高宽比（h/b）、竖向压应力（σ_0）与抗剪强度的关系。由图可以看出，各因素与墙板抗剪强度的关系近似于线性，可以用数值分析中的最小二乘法来拟合曲线，得到各试件抗剪强度与高宽比的线性关系为：

$$R_\tau = 0.9367 - 0.301(h/b) \tag{4-13}$$

同理，可以计算出各试件抗剪强度与竖向压应力的线性关系为：

$$R_\tau = 0.374 + 0.2617\sigma_0 \tag{4-14}$$

综合考虑高宽比及竖向压应力的影响，可以推出各试件抗剪强度在高宽比、竖向压应力影响下的计算公式：

$$R_\tau = A + B\sigma_0 + C(h/b) \tag{4-15}$$

经回归分析可以得出各系数的具体数值，从而得出：

$$R_\tau = 0.675 + 0.262\sigma_0 - 0.301(h/b) \tag{4-16}$$

由式(4-16)可以看出，试件的抗剪强度随着高宽比的增大而逐渐降低，随着竖向压应力的增加而增加，高宽比对试件抗剪强度的影响要稍大于竖向压应力。

4.5.2 受剪承载力计算公式

（1）各文献提供的相关公式

1）现行国家标准《混凝土结构设计规范》GB 50010 所提供的考虑地震作用组合的剪力墙在偏心受压时的斜截面抗震受剪承载力公式为：

$$V_w \leqslant \frac{1}{\gamma_{RE}} \left[\frac{1}{\lambda - 0.5} (0.4 f_t b h_0 + 0.1 N \frac{A_w}{A}) + 0.8 f_{yv} \frac{A_{sh}}{s} h_0 \right] \tag{4-17}$$

式中　V_w——墙板承受的组合剪力设计值；

N——考虑地震作用组合的剪力墙轴向压力设计值中的较小值；当 $N > 0.2 f_c bh$ 时，取 $N = 0.2 f_c bh$；

A——墙板截面总面积；

A_w——墙板腹板面积，矩形截面取 $A_w=A$；

λ——计算截面处剪跨比，$\lambda=M_0/V_0h_0$，$\lambda<1.5$ 时取 1.5，$\lambda>2.2$ 时取 2.2，其中 M 为与 V 相应的设计弯矩值，当计算截面与墙底之间的距离小于 $h_0/2$ 时，λ 应按 $h_0/2$ 处的设计弯矩与剪力值计算；

f_t——混凝土轴心抗拉强度设计值。

2）相关文献中所提供的墙板在墙板平面内水平荷载及竖向荷载作用下的斜截面受剪承载力计算和抗震验算公式为：

$$V_w \leqslant \frac{1}{\gamma_{RE}}\left[\frac{1}{\lambda-0.5}(0.4f_tbh_0+0.1N\frac{A_w}{A})\right] \tag{4-18}$$

式中参数同式（4-17）参数。

3）现行国家标准《砌体结构设计规范》GB 50003 所提供的设置构造柱和芯柱的混凝土砌块墙体的截面抗震受剪承载力应按下式验算：

$$V \leqslant [f_{VE}A+(0.3f_tA_c+0.05f_yA_s)\xi_c]/\gamma_{RE} \tag{4-19}$$

式中　f_{VE}——墙体抗震抗剪强度设计值；

f_t——灌孔混凝土的轴心抗拉强度设计值；

A_c——灌孔混凝土或芯柱截面总面积；

f_y——芯柱钢筋的抗拉强度设计值；

A_s——芯柱钢筋截面总面积；

ξ_c——芯柱参与工作系数，按《砌体结构设计规范》GB 50003—2011 中表 10.2.2 采用。

（2）受剪承载力公式推导

综合考虑以上文献所提供的各种墙体的受剪承载力计算公式，公式中包括了材料的抗压强度、墙体面积 $b \times h$、竖向压力、剪跨比 λ、配筋、承载力抗震调整系数等因素。

根据第 2 章灌芯纤维石膏墙板抗压强度的计算公式 [式(2-4)]，取 $f_m=1.515N/mm^2$，$\alpha=0.721$，$\eta=1.13$；根据本试验三个预留混凝土立方体试块得出的孔内所灌 C25 混凝土的抗压强度为 $f_c=13.623N/mm^2$。

因此，根据式(2-4)计算出本试验墙板的抗压强度为：

$$f_{g,m}=12.614N/mm^2$$

本章研究的为不配筋的灌芯纤维石膏墙板试件的抗震性能，因此公式中不包括钢筋一项。综合考虑各种因素，并结合以上文献的公式，试件的抗剪强度可以表示为：

$$R_\tau=[\alpha+\beta(h/b)]f_{g,m}+\gamma\sigma_0 \tag{4-20}$$

根据式(4-16)及上述抗压强度计算结果，可以得出：

$$\alpha=0.0535; \beta=-0.0239; \gamma=0.262 \quad \Rightarrow$$

$$R_\tau=[0.0535-0.0239(h/b)]f_{g,m}+0.262\sigma_0 \tag{4-21}$$

该种无筋灌芯纤维石膏墙板在低周反复水平荷载作用下的受剪承载力计算公式为：

$$P_u=[0.0535-0.0239(h/b)]f_{g,m}bd+0.262N \tag{4-22}$$

式中　$f_{g,m}$——灌芯纤维石膏墙板的抗压强度，可按第 2 章式(2-4)计算；

h/b——墙板的高宽比；

σ_0——施加在墙板上的竖向压应力；

d——墙板的厚度，单片墙体取 120mm；

N——试件所受轴向压力，$N=\sigma_0 bd$。

将各墙板实际的 h/b 及 σ_0 代入式（4-21）及式（4-22）中，经计算得出各墙板 R_τ 及 P_u 的理论值，列于表 4-18 中。

抗剪承载力理论值与试验值误差比较　　　　　　　　表 4-18

试件编号	BⅠ-1	BⅡ-2	BⅢ-1	MⅠ-1	MⅡ-1	MⅢ-1	SⅠ-1	SⅡ-1	SⅢ-2
R_τ (N/mm²)	0.700	0.786	0.873	0.549	0.635	0.722	0.398	0.485	0.571
R_τ' (N/mm²)	0.709	0.779	0.875	0.539	0.604	0.754	0.407	0.507	0.547
误差 η_1	1.27%	0.90%	0.23%	1.86%	5.13%	4.24%	2.21%	4.34%	4.39%
P_u (kN)	167.916	188.667	209.417	98.805	114.367	129.930	47.781	58.156	68.532
$P_u'/$ (kN)	171.949	188.780	212.020	98.225	110.117	137.570	49.860	62.098	66.948
误差 η_2	2.35%	0.06%	1.23%	0.59%	3.86%	5.55%	4.17%	6.35%	2.37%

注：P_u、R_τ 为理论值，P_u'、R_τ' 为试验值，η_1、η_2 为理论值与试验值之差的绝对值与试验值的比值。

由表 4-18 的误差可以看出，由式（4-21）和式（4-22）推出的各试件抗剪强度与抗剪承载力的理论值与试验值之间的误差基本都在 5% 以内。

在本章的试验中，试件的高宽比的范围为 0.5～1.5，竖向压应力的范围为 0.67～1.33，这个范围在实际工程中的应用比较广泛，可以认为满足实际工程的需要。墙板成品的高度为 3m，因此墙板的最大高厚比为 25，也满足墙体的抗震要求。

4.6 结论

本试验对 9 片无筋灌芯纤维石膏墙板进行了抗震性能的研究，主要分析研究了其在低周期反复荷载作用下的破坏过程、破坏机理、滞回特性、延性、耗能性、刚度及其退化、抗侧力公式等性能，以及高宽比、竖向压应力对这些特性的影响。对于无筋灌芯纤维石膏墙板，得出了如下主要结论。

（1）试件在水平力作用下，石膏墙板与混凝土芯柱在加载初期共同承担荷载，随着变形增大及裂缝的发展，石膏墙板逐渐退出工作，荷载逐渐由混凝土芯柱承担。随着混凝土芯柱裂缝的发展，试件达到极限承载力，此后荷载缓慢下降。

（2）试件的滞回环饱满，包围的面积大，结构吸收的能量较多，耗能能力较强，有利于结构的抗震。

（3）通过对骨架曲线的分析，认为试件的高宽比对开裂荷载、极限荷载及其对应的位移影响均较大。相同面积的墙板，高宽比越小，承载力越大；竖向压应力越大，承载力越大；且高宽比的影响要大于竖向压应力。

（4）各试件的延性较好，高宽比越大延性越好，竖向压应力越大延性越差。

（5）试件的耗能性要好于一般的组合砌体结构，满足抗震的要求。试件的耗能性随高宽比和竖向压应力的增加而缓慢降低。

（6）试件高宽比对试件开裂刚度影响明显。

（7）试件开裂之前的加载初期，试件的刚度退化速度较快。加载后期，刚度退化较慢，随着位移的增加刚度缓慢衰减。各试件的刚度退化曲线都比较相似。

（8）试件的抗剪强度及受剪承载力随着高宽比的增大而降低，随着压应力的增大而增大。

（9）该种新型无筋灌芯纤维石膏墙板的抗剪强度 R_τ 及侧向承载力 P_u 可用式（4-21）、式（4-22）进行计算。

5

配筋灌芯纤维石膏墙板
抗震性能试验研究

无筋灌芯纤维石膏墙板的抗震性能在第 4 章进行了研究，为提高墙板的承载力和抗震性能，在墙板灌孔的混凝土芯柱中配置竖向钢筋。本章研究孔内配筋的灌芯纤维石膏墙板的抗震性能。

5.1 单片配筋灌芯纤维石膏墙板抗震性能试验

5.1.1 试件的设计

本试验的试件除了考虑高宽比和竖向压应力两个因素，还考虑体积配筋率的影响。试件的高宽比和竖向荷载取值、试件编号方式与第 4 章无筋灌芯纤维石膏墙板相同。所有试件的孔内均浇筑强度等级为 C25 的混凝土，且每孔配置一根 HRB335 钢筋，为了检验不同体积配筋率对试件抗剪强度的影响，我们选取了 12mm、14mm 和 16mm 三种直径的钢筋，其对应的体积配筋率分别为 0.38％、0.51％和 0.67％，同一试件所配钢筋的直径是相同的，在试件编号中分别用 12、14 和 16 表示。另外在墙体的上部和底部分别制作顶梁和底梁，其中顶梁宽 120mm，高 150mm，长度与石膏墙板试件相同，底梁尺寸为 400mm×400mm，为了吊装和锚固方便，底梁每边长度比石膏墙体多出 250mm。每孔放置一根通长钢筋，并锚固在顶梁和底梁内，如图 5-1～图 5-3 所示。

因为在试件设计中一共考虑了三种因素：高宽比 (h/b)、竖向压应力 (σ_0) 和体积配筋率 (ρ)，而高宽比、竖向压应力和体积配筋率均为三种水平，这样如果按照排列组合计算就需要 27 组试件，工作量是相当大的。为了能够减少试件个数，节省时间，同时又能通过试验结果全面地反映配筋灌芯纤维石膏墙板的强度、变形等其他性能，以及各种因素对墙体抗震性能的影响，于是采用正交设计法设计试件。

按配筋灌芯纤维石膏墙板试件正交表 $L_9(3^4)$ 组织试件，见表 5-1。

试件就由原来的 27 组减少到 9 组，每组 2 个试件，共计 18 个。各组试件的编号、体积配筋率、竖向压应力和尺寸见表 5-2。

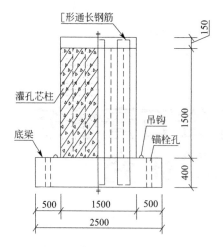

图 5-1 高宽比为 1∶1 的试件

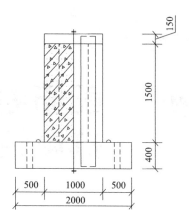

图 5-2 高宽比为 1.5∶1 的试件

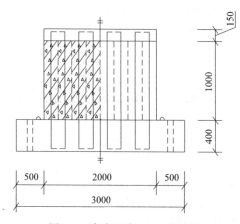

图 5-3 高宽比为 1∶2 的试件

配筋灌芯纤维石膏墙板试件正交表 $L_9(3^4)$ 表 5-1

水平 \\ 因素	高宽比 (h/b)	竖向压应力 σ_0 (N/mm^2)	体积配筋率 (%)
1	1∶2	0.67	0.38
2	1∶1	1.00	0.51
3	1.5∶1	1.33	0.67

试件的编号、体积配筋率、竖向压应力和尺寸   表 5-2

序号	试件编号	试件尺寸(高×宽,mm)	竖向压应力(N/mm^2)	体积配筋率(%)
1	BⅠ-12-1	1000×2000	0.67	0.38
	BⅠ-12-2			
2	BⅡ-14-1	1000×2000	1.00	0.51
	BⅡ-14-2			

序号	试件编号	试件尺寸(高×宽,mm)	竖向压应力(N/mm²)	体积配筋率(%)
3	BⅢ-16-1	1000×2000	1.33	0.67
	BⅢ-16-2			
4	MⅠ-14-1	1500×1500	0.67	0.51
	MⅠ-14-2			
5	MⅡ-16-1	1500×1500	1.00	0.67
	MⅡ-16-2			
6	MⅢ-12-1	1500×1500	1.33	0.38
	MⅢ-12-2			
7	SⅠ-16-1	1500×1000	0.67	0.67
	SⅠ-16-2			
8	SⅡ-12-1	1500×1000	1.00	0.38
	SⅡ-12-2			
9	SⅢ-14-1	1500×1000	1.33	0.51
	SⅢ-14-2			

5.1.2 试件的制作

在试验现场绑扎底梁钢筋和"〔"形竖向通长钢筋,然后支底梁模板并浇筑C20混凝土,最后对应竖向通长钢筋的位置,将空心纤维石膏墙板安放在底梁上,支好顶梁模板后,顶梁与空心墙板的空腔内一起浇筑C25混凝土,并留同条件的混凝土立方体试块。

部分试件在制作时受到损坏,由于每个试件的准备及试验过程的周期较长,为了保证试验的全面性和准确性,在每组两个相同尺寸、相同竖向压应力和相同配筋的试件中只选取其中一个试件,这样B、M及S系列墙体试件各选取3个试件,共9个试件进行试验。

5.1.3 试验加载和数据采集

本试验的加载系统和加载制度与第4章无筋灌芯纤维石膏墙板试件的抗震性能试验相同。试件试验如图5-4、图5-5所示。为了测量混凝土芯柱钢筋的变形,沿"〔"形通长钢筋均匀布置5个应变片,并用302粘结剂做防水,通过导线引出,连接到与拟静力试验软件Tust相配套的接线板上,由Tust软件直接采集各级荷载下的应变值。由于是对试件施加单方向的低周反复水平荷载,试件的空腔对称,故只在试件一半芯柱的钢筋上设置应变片,图5-6~图5-8分别是高宽比为1:2、1:1和1.5:1的试件钢筋应变片布置示意图。荷载-位移关系采用MTS自动采集。

图 5-4 滚轴千斤顶分配梁

图 5-5 加载系统近景

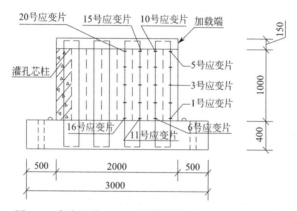

图 5-6 高宽比为 1∶2 的试件钢筋应变片布置示意图

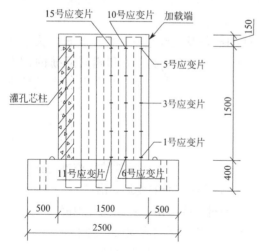

图 5-7 高宽比为 1∶1 的试件钢筋
应变片布置示意图

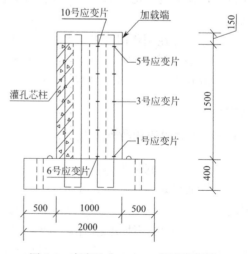

图 5-8 高宽比为 1.5∶1 的试件钢筋
应变片布置示意图

5.2 单片配筋灌芯纤维石膏墙板抗震性能试验结果

5.2.1 试件的破坏过程

下面以试件 MⅠ-14-2 为例描述试件典型的破坏过程。

第一、二循环，当控制位移分别为 0.5mm 和 1mm 时，均没有明显的试验现象发生。

第三循环，当控制位移为 1.5mm 时，纤维在内侧的一边板（记为 1 面板）发出"啪、啪"的轻微响声，但仔细观察后没有发现裂缝产生。

第四循环，当控制位移为 2mm 时，纤维在外侧的一边板（记为 2 面板）也开始发出轻微的纤维撕裂声，但也没有裂缝产生。

第五循环，当控制位移为 2.5mm 时，这时水平荷载为 35kN，试件 1 面的中部芯柱部位出现一条长约 30cm 的斜裂缝，与水平方向大约呈 45°夹角。反向控制位移为 −2.5mm 时，没有明显的现象发生。

第六循环，当控制位移为 3mm 时，1 面板上的初始裂缝继续延伸。当反向控制位移为 −3mm 时，2 面板上尚未有新的裂缝出现。

第七循环，当控制位移为 5mm 时，1 面板上的初始裂缝附近出现 3 条长度不等、近似平行的斜裂缝。当反向控制位移为 −5mm 时，试件发出剧烈而密集的纤维撕裂声，在与初始裂缝大致正交的方向上出现了 5 条长约 20cm 的平行裂缝。

第八、九循环，试件持续发出剧烈的"啪、啪"声，在试件的两面出现大量近似平行的细微缝隙，与前几个循环已形成的裂缝一起组成了网状分布的斜裂缝。

第十循环，与石膏肋部平行的试件侧面出现少量细微的水平横向裂缝。

第十一循环，当控制位移为 13mm 时，1 面板上的初始裂缝已增宽至约 5mm，长约 170cm，与另外 3 条大致平行的裂缝几乎同时贯通对角线，此时 2 面板靠近中部的两个芯柱间的石膏肋处出现了一条几乎贯通上下的竖向挤压裂缝。当反向控制位移为 −13mm 时，反向荷载所形成的裂缝逐渐增多，与水平方向呈 40°～60°不等。

第十二循环，当控制位移为 15mm 时，初始裂缝迅速增宽至近 1cm，与之平行的几条贯通斜裂缝也开始增宽，同时墙体的 1、2 两面伴有大量的细微斜裂缝出现。在与石膏肋部平行的侧面上，水平横向裂缝延伸至侧面边缘，与试件 1、2 面上中下部的裂缝几乎相连。当反向控制位移为 −15mm 时，由反向水平荷载所形成的裂缝的宽度和数量持续缓慢增加。

第十三循环，当控制位移为 17mm 时，1 面上的初始裂缝宽度已超过 1cm，断开处只有少量纤维连接，开裂的石膏墙板拱起。当反向控制位移为 −17mm 时，裂缝进一步发展。

第十四循环，当控制位移为 19mm 时，与石膏肋部平行的侧面上，水平横向裂缝的宽度已达到 1cm，墙体底部与底梁交界处的石膏墙板外翻，试件下角根部处的石膏墙板与混凝土芯柱轻微剥离。当反向控制位移为 −19mm 时，试件出现密集沉闷的挤压般的声音。

第十五、十六循环，2 面上的竖向挤压裂缝的上部延伸至顶梁位置，下部发展缓慢，距离底梁 20cm 左右。根据与钢筋应变片相连接的数据采集仪器显示，在施加正向和反向水平荷载时，距离MTS作动器最近处的芯柱配筋上的钢筋应变值均为负值，由于无法观测到钢筋的具体受力情况，所以推测钢筋已经屈服，钢筋作用失效。

第十七循环，当控制位移达到25mm时，1面上初始裂缝处的石膏墙板开裂已相当严重，试件下角根部处的石膏墙板与混凝土芯柱完全剥离，这时正向水平荷载降至62kN，已低于正向荷载极限值75kN的85%，当反向控制位移为−25mm时，反向水平荷载也降到了反向荷载极限值的85%以下，试验停止。典型的试件最终裂缝情况如图5-9～图5-16所示。试件的破坏图如图5-17～图5-20所示。

图5-9　试件MⅠ-14-2的1面裂缝图

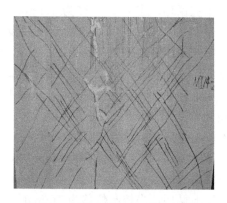

图5-10　试件MⅠ-14-2的2面裂缝

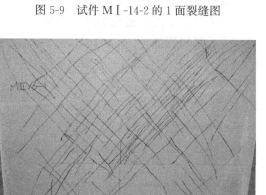

图5-11　试件MⅡ-16-1裂缝图

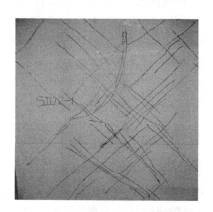

图5-12　试件SⅡ-12-1裂缝图

图5-13　试件BⅠ-12-1裂缝图

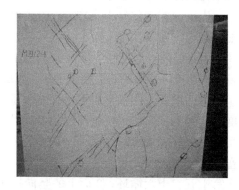

图5-14　试件MⅢ-12-1裂缝图

图 5-15 试件 BⅡ-14-1 裂缝图

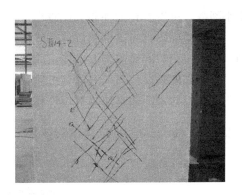

图 5-16 试件 SⅢ-14-2 裂缝图

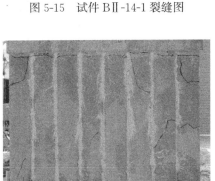

图 5-17 试件芯柱破坏图 1

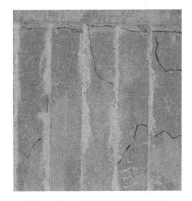

图 5-18 试件芯柱破坏图 2

图 5-19 试件芯柱破坏图 3

图 5-20 墙体试件与底梁交界处的变形

5.2.2 试件的破坏特征

在低周反复水平荷载作用下，各组墙体试件的破坏过程与破坏特征基本相同，在荷载与位移关系曲线上，一般都经历了四个阶段。

（1）弹性阶段：当荷载不太大时，位移与荷载基本保持直线关系，位移比较小。

（2）弹塑性阶段：随着荷载的增大，当荷载为极限荷载的 50%～80% 时，大部分试件在墙体外表中部产生了斜裂缝，试件达到弹性极限后进入了弹塑性阶段，位移增长速度明显加快，荷载与位移曲线的斜率减小，试件的刚度减小，裂缝继续延伸，同时出现很多微小裂缝，可以看到试件高宽比越小，体积配筋率越高，裂缝就越密集。

（3）缓降段：当试件的位移超过极限荷载所对应的位移后，荷载下降但位移仍继续增加，此阶段荷载降低速度并不快，而位移速度明显加快，微细裂缝不断出现。

（4）破坏阶段：当荷载降到极限荷载的85%以后，认为试件失去承载能力进入了破坏阶段，此阶段荷载迅速降低，位移迅速增加。

5.2.3 试件水平荷载-位移试验结果

试件在低周反复水平荷载下的各项荷载和相应位移值列于表5-3。

低周反复水平荷载下试验原始数据 表5-3

试件编号	开裂荷载 P_{cr}(kN)	极限荷载 P_u(kN)	抗剪强度 V_τ(N/mm²)	开裂位移 Δ_{cr}(mm)	极限荷载位移 Δ_u(mm)	破坏位移 $\Delta_{0.85}$(mm)
BⅠ-12-1	73.5	177.8	0.74	1.60	10.50	14.01
BⅡ-14-1	120	206.7	0.86	2.74	10.0	14.99
BⅢ-16-2	81.5	243.6	1.02	1.54	9.02	15.0
MⅠ-14-2	92.5	132	0.73	5.99	14.0	15.0
MⅡ-16-1	90	147.2	0.82	3.25	12.50	18.57
MⅢ-12-1	74.5	132.3	0.74	2.50	13.0	19.01
SⅠ-16-2	40	67	0.56	3.86	23.37	35.37
SⅡ-12-1	43	71.6	0.60	3.25	15.0	27.08
SⅢ-14-2	57	76	0.63	2.99	11.49	23.50

注：极限荷载位移 Δ_u 是与极限荷载 P_u 相对应的位移，荷载降到极限荷载的85%时的荷载记为破坏荷载 $P_{0.85}$，其相应的位移记为破坏位移 $\Delta_{0.85}$。

5.2.4 试件芯柱内钢筋试验结果

试验所采用钢筋的物理性能见表5-4。

钢筋的物理性能 表5-4

钢筋直径(mm) \ 检测值	屈服强度		抗拉强度		伸长率（%）	冷弯180°
	拉力(kN)	强度(MPa)	拉力(kN)	强度(MPa)		
12	43.52	385	62.84	555	79.0	合格
	44.69	395	63.47	560	78.0	合格
14	57.52	375	83.02	540	91.0	合格
	56.95	370	83.62	545	90.0	合格
16	74.02	370	113.26	565	104.0	合格
	75.25	375	113.26	565	104.0	合格

为了同时比较三种不同钢筋的受力性能，在B、M和S系列墙体试件中各选取一个典型试件，将这三个灌芯纤维石膏墙板试件在达到开裂和极限荷载时的钢筋应力应变试验值列于表5-5（应变片位置如图5-6～图5-8所示）。

钢筋应力应变试验值 表 5-5

应变片编号	试验值	ε_c ($\mu\varepsilon$)	σ_c (N/mm²)	ε_u ($\mu\varepsilon$)	σ_u (N/mm²)
B I -12-1	1号	975.5	195.1	2438.0	487.6
	2号	−44.3	−8.86	−80.3	−16.1
	3号	−30.1	−6.02	−85.7	−17.2
	4号	92.0	18.4	200.0	40.0
	5号	693.0	138.6	1650.0	330.0
	6号	341.5	68.3	642.6	128.5
	7号	48.0	9.6	272.0	54.4
	8号	37.0	7.4	−15.7	3.1
	9号	−25	−5.0	12.6	2.5
	10号	173.3	34.7	410.5	82.1
	11号	91.8	18.4	247.1	49.4
	12号	−10.8	−2.2	58.5	11.7
	13号	15.1	3.0	22.0	4.4
	14号	11.2	2.3	11.5	2.3
	15号	34.7	6.9	53.4	10.7
	16号	51.4	10.3	57.4	11.5
	17号	21.0	4.2	35.1	7.1
	18号	11.5	2.3	9.8	2.0
	19号	−8.2	−1.6	−6.4	−1.3
	20号	5.9	1.2	11.1	2.2
M I -14-2	1号	1476.5	295.3	1995.0	399.0
	2号	247.7	49.5	344.0	68.8
	3号	−154.5	−30.9	−238.0	−47.6
	4号	−63.7	−12.7	−91.0	−18.2
	5号	1559.5	311.9	2260.0	452.0
	6号	416.8	83.4	498.5	99.7
	7号	99.1	19.8	110.7	22.2
	8号	−49.4	−9.9	−66.6	−13.3
	9号	−28.7	−5.7	−38.2	−7.6
	10号	410.2	82.0	693.3	138.7
	11号	117.2	23.4	129.6	25.9
	12号	28.2	5.6	29.5	5.9
	13号	7.8	1.6	16.7	3.3
	14号	−7.7	−1.5	−18.2	−0.7
	15号	82.9	16.6	102.8	20.6

应变片编号	试验值	ε_c ($\mu\varepsilon$)	σ_c (N/mm²)	ε_u ($\mu\varepsilon$)	σ_u (N/mm²)
SⅠ-16-2	1号	944.3	188.9	1601.0	320.2
	2号	336.6	67.3	510.0	102.0
	3号	−129.9	−26.0	−203.0	−40.6
	4号	455.7	91.1	735.0	147.0
	5号	819.0	163.8	1300.0	260.0
	6号	154.1	30.8	215.2	43.0
	7号	84.2	16.8	112.2	22.4
	8号	−40.3	−8.1	−60.1	−12.0
	9号	−15.9	−3.2	80.8	16.2
	10号	138.4	27.7	160.2	32.0

通过表5-5可以看出,配筋灌芯纤维石膏墙板试件的最外侧芯柱的钢筋受力较大,芯柱越靠近内侧,其配筋受力越小,而且每根配筋都在芯柱的顶部和底部受力较大,即芯柱与顶梁和底梁交界处受力较大,越靠近芯柱的中部钢筋受力越小。

从墙体试件受力变形的形态上容易解释上述现象(图5-20),当每个循环的水平荷载达到一定数值时,墙体试件与底梁和顶梁之间会发生脱离的趋势甚至是不同程度的脱离,同时从表5-5中试件的钢筋应变片对应的应力值也可以看出,芯柱与顶梁和底梁交界处的钢筋受力相对较大,此处钢筋起到了抗侧力钢筋和锚固筋的双重作用,所以实际工程中石膏墙板底部与基础之间,楼层与楼层之间的锚固都应该得到加强。由第5.1.2节的内容可知,配筋灌芯纤维石膏墙板的各个芯柱相当于一系列并排的密肋柱,掺加了玻璃纤维的石膏外墙板相当于约束构件,地震时可作为耗能元件,这种结构类似于框筒结构的密柱深梁结构,密柱承受水平荷载时产生剪力滞后现象,外侧柱的受力较大,越靠内侧柱子受力越小,灌芯纤维石膏墙板试件的外侧芯柱配筋受力大于内侧芯柱配筋也验证了这一点。

5.3 单片配筋灌芯纤维石膏墙板抗震性能分析

5.3.1 试件的滞回曲线

图5-21~图5-29为9个试件的滞回曲线图形。需要说明的是,对于在每一级荷载下应该循环多少次这个问题,目前国内外没有一个统一的标准,根据中国建研院结构所的分析,目前都是对构件进行全过程分析,所以认为多次重复下,构件的骨架曲线与一次加荷下的骨架曲线基本是一致的,另外考虑到实际情况,每级只做了一次循环。

滞回曲线的每个滞回环都是由正反两方向的加、卸载曲线组成,由图可以看出,每次加载过程中,加载曲线的斜率随着荷载的增大而减小,且减小的程度加快;比较各次同向加载曲线,后次曲线比前次的斜率逐渐减小,说明了反复荷载下灌芯纤维石膏墙板试件的刚度退化;数次反复荷载以后,加载曲线上出现反弯点,形成捏拢现象,而且捏拢程度逐次增大。

每次卸载过程中，刚开始卸载时曲线陡峭，恢复变形很小，荷载减小后曲线趋向平缓，恢复变形逐渐加快；曲线的斜率随反复加卸载次数而减小，表明墙体试件卸载刚度的退化。

另外由图 5-21～图 5-29 还可以看出，9 个墙体试件中，体积配筋率高的试件滞回曲线比体积配筋率低的试件总体上饱满但不太明显；高宽比大的试件滞回曲线较高宽比小的试件饱满；在相同高宽比情况下，随着竖向压应力的增大，试件的滞回曲线渐趋饱满。由于滞回环包围的面积是荷载正反交变一周时结构所吸收的能量，显然滞回环饱满者有利于结构的抗震，所以配筋灌芯墙板试件中，高宽比较大、竖向压应力较大和体积配筋率较高的试件抗震性能较好。

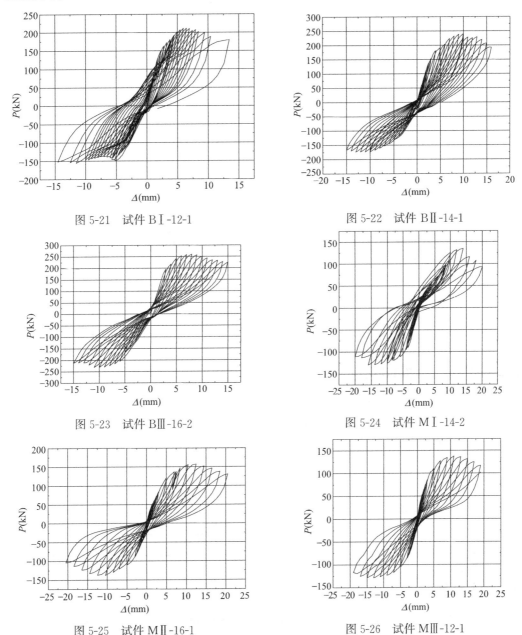

图 5-21　试件 BⅠ-12-1

图 5-22　试件 BⅡ-14-1

图 5-23　试件 BⅢ-16-2

图 5-24　试件 MⅠ-14-2

图 5-25　试件 MⅡ-16-1

图 5-26　试件 MⅢ-12-1

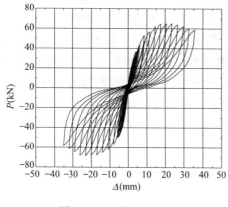

图 5-27　试件 SⅠ-16-2

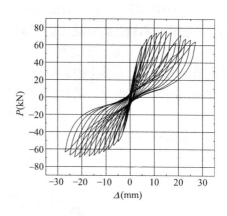

图 5-28　试件 SⅡ-12-1

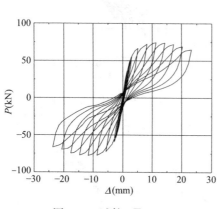

图 5-29　试件 SⅢ-14-2

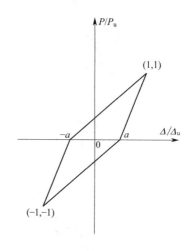

图 5-30　标准滞回环示意图

5.3.2　配筋灌芯墙板的标准滞回环

由图 5-21～图 5-29 可知,配筋灌芯墙板试件的滞回环随着位移的增大越来越饱满。将各组试件极限荷载时的滞回环简化为图 5-30 所示的标准滞回环,各组试件的 a 值列于表 5-6,其中 a 值是将极限荷载时的滞回环正反两个方向位移的绝对值求和,再求其平均值得到。

各组试件 a 值　　　　　　　　　　　　表 5-6

组别	1	2	3	4	5	6	7	8	9
a	0.12	0.18	0.13	0.14	0.15	0.12	0.14	0.14	0.12

5.3.3　试件的骨架曲线

将试件的滞回曲线中各个顶点用一条光滑曲线连接起来,所得到的曲线即为骨架曲线,但为了方便对试件进行变形计算及刚度分析,这里将每个循环中推拉两个方向的荷载最大值和对应的正反两个方向的最大位移取绝对值，求和后取均值，然后将这些点连接起来，得到图 5-31～图 5-39 的 9 个试件骨架曲线。

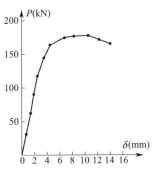

图 5-31　试件 B I -12-1

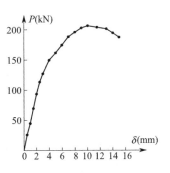

图 5-32　试件 B II -14-1

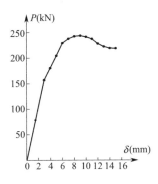

图 5-33　试件 B III -16-2

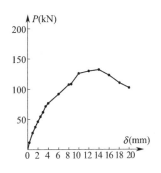

图 5-34　试件 M I -14-2

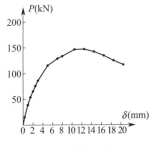

图 5-35　试件 M II -16-1

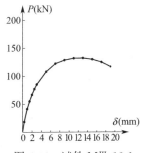

图 5-36　试件 M III -12-1

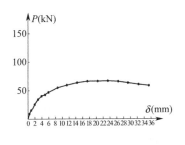

图 5-37　试件 S I -16-2

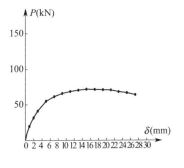

图 5-38　试件 S II -12-1

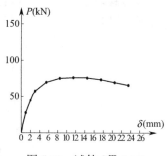

图 5-39 试件 SⅢ-14-2

根据试件的骨架曲线可以确定试件特性的各个关键量：极限荷载 P_u 及相应的极限荷载位移 Δ_u，荷载降到极限荷载的 85% 时的破坏荷载 $P_{0.85}$ 及相应的极限荷载 $\Delta_{0.85}$，等效弹性荷载 P_y 和等效弹性位移 Δ_y，各量的值列于表 5-7。

配筋灌芯纤维石膏墙板的荷载和位移值 表 5-7

试件名称	P_y(kN)	Δ_y(mm)	P_u(kN)	Δ_u(mm)	$P_{0.85}$(kN)	$\Delta_{0.85}$(mm)
BⅠ-12-1	150.20	3.82	177.8	10.50	151.1	14.01
BⅡ-14-1	160.80	4.94	206.7	10.00	175.7	14.99
BⅢ-16-2	194.00	4.56	243.6	9.02	207.1	15.00
MⅠ-14-2	94.37	6.32	132.0	14.00	112.2	17.73
MⅡ-16-1	107.80	4.45	147.2	12.50	125.1	18.57
MⅢ-12-1	98.27	4.13	132.3	13.00	112.5	19.01
SⅠ-16-2	48.67	6.48	66.9	23.37	56.9	35.37
SⅡ-12-1	55.10	5.02	71.6	15.00	60.9	27.08
SⅢ-14-2	57.46	3.04	76.0	11.49	65.7	23.50

每个骨架曲线的形状都很相似，在试件开裂前位移与荷载近似成正比，试件开裂后荷载和位移持续增加，根据试件高宽比的不同曲线斜率有所不同，达到极限荷载后，荷载开始减小，而位移仍然增加。根据曲线的上述特征，将 9 个墙体试件的骨架曲线简化为 (P_{cr}, Δ_{cr})、(P_y, Δ_y)、(P_u, Δ_u) 和 $(P_{0.85}, \Delta_{0.85})$ 的四点连线，得到图 5-40～图 5-42。

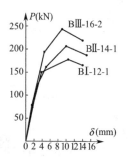

图 5-40 高宽比为 1:2 的试件简化骨架曲线

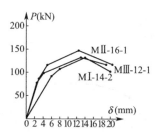

图 5-41 高宽比为 1:1 的试件简化骨架曲线

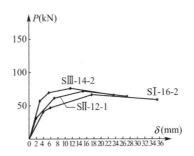

图 5-42　高宽比为 1.5 : 1 的试件简化骨架曲线

通过对图 5-40～图 5-42 试件简化骨架曲线的数据进行正交分析得知，对 P_{cr}/P_u 来讲，高宽比、竖向压应力和体积配筋率越大，则 P_{cr}/P_u 越大；对于 Δ_{cr}/Δ_u，高宽比和体积配筋率越大，竖向压应力越小，则 Δ_{cr}/Δ_u 越大；对于 $\Delta_{0.85}/\Delta_u$，高宽比、竖向压应力和体积配筋率越大，则 $\Delta_{0.85}/\Delta_u$ 越大，但是高宽比、竖向压应力和体积配筋率三种因素对 P_{cr}/P_u 和 Δ_{cr}/Δ_u 的影响并不明显，而对 $\Delta_{0.85}/\Delta_u$ 有比较显著的影响，且三因素与其基本为直线关系，经回归得到下列公式：

$$\mu = \Delta_{0.85}/\Delta_u = 0.289(h/b) + 0.716\sigma_0 + 0.211\rho + 0.561 \qquad (5\text{-}1)$$

式中　h/b——墙体试件的高宽比；

　　　σ_0——竖向压应力；

　　　ρ——试件的体积配筋率。

$\Delta_{0.85}/\Delta_u$ 考察的是墙体试件在达到极限荷载位移 Δ_u 以后的持续变形能力，由上式看出，竖向压应力对 $\Delta_{0.85}/\Delta_u$ 的影响最显著，高宽比次之，体积配筋率的影响最小。

5.3.4　试件的延性

试件位移延性系数的计算公式参见 4.4.5 小节，计算结果见表 5-8。

配筋灌芯纤维石膏墙板试件的位移延性系数　　　　　　表 5-8

试件	BI-12-1	BII-14-1	BIII-16-2	MI-14-2	MII-16-1	MIII-12-1	SI-16-2	SII-12-1	SIII-14-2
Δ_y	3.82	4.94	4.56	6.32	4.45	4.13	6.48	5.02	3.04
Δ_u	10.50	10.00	9.02	14.00	12.50	13.00	23.37	15.00	11.49
$\Delta_{0.85}$	14.01	14.99	15.00	17.73	18.57	19.01	35.37	27.08	23.50
μ	2.75	2.02	1.98	2.22	2.81	3.15	3.61	2.99	3.78
μ'	3.67	3.03	3.29	2.81	4.17	4.61	5.46	5.40	7.73

5.3.5　试件的耗能性能

结构耗能性的优劣用能量耗散系数 φ 来衡量，它是结构抗震性能的另一个指标。我们知道如果结构的耗能系数大，结构在地震时对地震作用耗散就好，即结构的抗震性能好。结构的能量耗散系数 φ 的表达式如下：

$$\varphi = \frac{S_{(ABC+CDA)}}{S_{(OBE+ODF)}} \tag{5-2}$$

由式(5-2)和图 5-43 可知，$S_{(ABC+CDA)}$ 为一个加荷循环过程中滞回曲线所包围的面积，即结构所吸收的能量，这是不能恢复的那部分变形能，$S_{(OBE+ODF)}$ 代表了一个加荷循环过程中结构所作功的总和，显然滞回环越饱满，结构的耗能能力就越大，结构的抗震性能也越好。

等效黏滞阻尼系数也是描述结构在地震中耗能能力的一个重要指标，其表达式如下：

$$\xi_{ec} = \frac{\varphi}{2\pi} = \frac{1}{2\pi}\frac{S_{(ABC+CDA)}}{S_{(OBE+ODF)}} \tag{5-3}$$

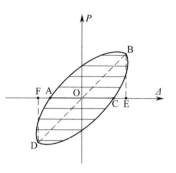

图 5-43　能量耗散系数 φ 的图形示意图

其中，φ、$S_{(ABC+CDA)}$ 和 $S_{(OBE+ODF)}$ 同式（5-2）及图 5-43 中的定义。

表 5-9 列出了极限荷载时各配筋灌芯纤维石膏墙板试件的能量耗散系数 φ 和等效黏滞阻尼系数 ξ_{ec} 的大小。

试件的能量耗散系数 φ 和等效黏滞阻尼系数 ξ_{ec} 　　　　表 5-9

试件编号	$S_{(ABC+CDA)}$	$S_{(OBE+ODF)}$	φ	ξ_{ec}
BⅠ-12-1	136.227	184.168	0.74	0.12
BⅡ-14-1	106.525	206.534	0.51	0.08
BⅢ-16-2	98.660	218.811	0.45	0.07
MⅠ-14-2	89.596	184.693	0.49	0.08
MⅡ-16-1	97.124	183.939	0.53	0.08
MⅢ-12-1	91.609	172.959	0.53	0.08
SⅠ-16-2	83.632	156.261	0.54	0.09
SⅡ-12-1	53.246	107.443	0.50	0.08
SⅢ-14-2	58.602	87.344	0.67	0.11

5.3.6　试件变形能力的各种影响因素

为了分析各因素对试件变形能力的影响，我们将试验所得到的各组试件的位移延性系数 μ'、能量耗散系数 φ 和极限荷载位移 Δ_u 重新填入正交分析表 5-10 进行分析，根据试验结果可画出趋势图（图 5-44～图 5-52）。

由表 5-10 的分析可知，高宽比对配筋灌芯纤维石膏墙板试件的延性和极限荷载位移的影响最大，其次是竖向压应力，体积配筋率的影响最小。在试件的耗能性方面，各种因素对试件的影响都不太明显，其中高宽比影响程度稍大。

由图 5-44～图 5-52 可知，试件的高宽比越大，试件的位移延性系数和极限位移越大，而试件的耗能性略微增大。试件的体积配筋率越高，试件的位移延性系数、耗能系数和极限位移均呈减小的趋势，说明提高体积配筋率并不是改善试件延性和耗能性能的有效方法。试件的竖向压应力增大，试件的位移延性系数增大，极限位移和耗能系数均减小，因此说讨论竖向压应力对配筋灌芯纤维石膏墙板试件变形性能的影响是一个复杂的问题，既要考虑到试件的延性，又要考虑到耗能比，随着竖向压应力增大，延性和耗能性并不都朝着好的方向发展。前面已经讨论过，在一定范围内竖向压应力增大则配筋灌芯纤维石膏墙板的抗剪强度增大，所以从总体考虑，在一定范围内增加竖向压应力将会改善灌芯纤维石膏墙板的抗震性能。

高宽比、竖向压应力和体积配筋率对试件变形能力的影响　　　　表 5-10

因素 试验编号		高宽比 h/b	竖向压力 σ(N/mm^2)	体积配筋率 ρ(%)	正交 编号	位移延性系数 μ'	耗能系数 φ	极限荷载 位移 Δ_u(mm)
BⅠ-12-1		0.5	0.67	0.38	1	3.67	0.43	10.50
BⅡ-14-1		0.5	1.00	0.51	2	3.03	0.34	10.00
BⅢ-16-2		0.5	1.33	0.67	3	3.29	0.31	9.02
MⅠ-14-2		1.0	0.67	0.51	3	2.81	0.33	14.00
MⅡ-16-1		1.0	1.00	0.67	1	4.17	0.35	12.50
MⅢ-12-1		1.0	1.33	0.38	2	4.61	0.35	13.00
SⅠ-16-2		1.5	0.67	0.67	2	5.46	0.35	23.37
SⅡ-12-1		1.5	1.00	0.38	3	5.40	0.33	15.00
SⅢ-14-2		1.5	1.33	0.51	1	7.73	0.40	11.49
位移延性系数	$\bar{\mu}_1$	3.33	3.98	4.56	5.19			
	$\bar{\mu}_2$	3.86	4.20	4.52	4.37			
	$\bar{\mu}_3$	6.20	5.21	4.31	3.83			
	R_μ	4.66	0.86	0.04	0.94			
耗能系数	$\bar{E}_1$	0.36	0.37	0.37	0.39			
	$\bar{E}_2$	0.34	0.34	0.36	0.35			
	$\bar{E}_3$	0.36	0.35	0.34	0.32			
	$R_E(10^{-4})$	2.67	4.67	5.07	22.78			
极限荷载位移	$\bar{\Delta}_1$	9.83	16.00	12.83	11.50			
	$\bar{\Delta}_2$	13.20	12.50	12.00	15.46			
	$\bar{\Delta}_3$	16.63	11.20	15.00	12.67			
	R_Δ	23.12	12.33	4.81	8.28			

　　注：表中 $\bar{\mu}_i$、$\bar{E}_i$ 和 $\bar{\Delta}_i$（$i=1,2,3$）的前三列数值，分别为按试件高宽比、竖向压应力和体积配筋率三种因素考虑的试件位移延性系数、耗能系数和极限荷载位移的平均值，第四列数值分别为正交分析后的位移延性系数、耗能系数和极限荷载位移值；R 为考虑各种因素情况下的方差。

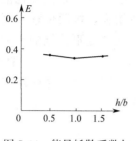

图 5-44 能量耗散系数与
试件高宽比的关系

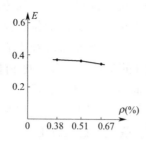

图 5-45 能量耗散系数与
试件体积配筋率的关系

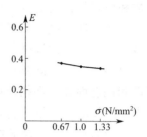

图 5-46 能量耗散系数与
竖向压应力的关系

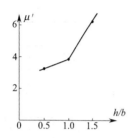

图 5-47 位移延性系数与试件
高宽比的关系

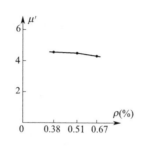

图 5-48 位移延性系数与试件
体积配筋率的关系

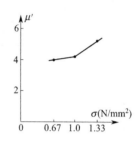

图 5-49 位移延性系数与试件
竖向压应力的关系

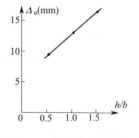

图 5-50 极限荷载位移与
试件高宽比的关系

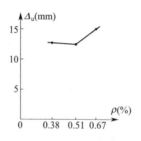

图 5-51 极限荷载位移与
试件体积配筋率的关系

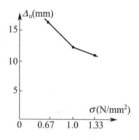

图 5-52 极限荷载位移与
试件竖向压应力的关系

5.3.7 试件的开裂刚度、极限荷载刚度

配筋墙体试件的开裂刚度定义为开裂荷载 P_{cr} 与开裂位移 Δ_{cr} 之比，即：

$$K_{cr} = \frac{P_{cr}}{\Delta_{cr}} \tag{5-4}$$

而配筋墙体试件的极限荷载刚度定义为极限荷载 P_u 与极限荷载时的位移 Δ_u 之比，即：

$$K_u = \frac{P_u}{\Delta_u} \tag{5-5}$$

将试验结果得到的各组配筋灌芯纤维石膏墙板试件的开裂刚度和极限荷载刚度以及正交分析后的结果列于表 5-11。

配筋灌芯纤维石膏墙板试件的开裂刚度和极限荷载刚度以及正交分析　　　表 5-11

因素 试件编号	高宽比 h/b	竖向压力 $\sigma(\text{N/mm}^2)$	体积配筋率 $\rho(\%)$	正 交 编号	开裂刚度 (kN/mm)	极限荷载刚度 (kN/mm)
BⅠ-12-1	0.5	0.67	0.38	1	46.0	16.9
BⅡ-14-1	0.5	1.00	0.51	2	43.8	20.7
BⅢ-16-2	0.5	1.33	0.67	3	52.9	27.0
MⅠ-14-2	1.0	0.67	0.51	3	15.4	9.4
MⅡ-16-1	1.0	1.00	0.67	1	27.7	11.8
MⅢ-12-1	1.0	1.33	0.38	2	29.8	10.2
SⅠ-16-2	1.5	0.67	0.67	2	10.4	2.9
SⅡ-12-1	1.5	1.00	0.38	3	32.6	4.8
SⅢ-14-2	1.5	1.33	0.51	1	19.1	6.6
开裂刚度 $\overline{K}_{1c}$	47.6	23.9	36.1	30.9		
开裂刚度 $\overline{K}_{2c}$	24.3	34.7	28.1	28.0		
开裂刚度 $\overline{K}_{3c}$	20.7	33.9	30.3	33.6		
开裂刚度 R_c	42.6	7.2	3.4	1.6		
极限荷载刚度 $\overline{K}_{1u}$	21.5	9.7	10.6	11.8		
极限荷载刚度 $\overline{K}_{2u}$	10.5	12.4	12.2	11.3		
极限荷载刚度 $\overline{K}_{3u}$	4.8	14.6	13.9	13.7		
极限荷载刚度 R_u	144.1	12.1	5.5	3.2		

注：表中 $\overline{K}_{ic}$ 和 $\overline{K}_{iu}$（$i=1,2,3$）的前三列数值，分别为按高宽比、竖向压应力和体积配筋率三种因素考虑的试件开裂刚度和极限荷载刚度的平均值，第四列数值为正交分析后的开裂刚度和极限荷载刚度值；R_c 和 R_u 分别为考虑各种因素情况下开裂刚度和极限荷载刚度的方差。

　　由图 5-53～图 5-55 各因素对开裂刚度和极限荷载刚度的影响趋势图可以看出，配筋灌芯纤维石膏墙板试件的开裂刚度和极限荷载刚度随高宽比的增大而减小；随着体积配筋率的提高，极限荷载刚度的增大稍显平缓，而开裂刚度提高的幅度较大；随着竖向压应力的增大，开裂刚度减小，极限荷载刚度增大。另外，由表 5-11 可以看出，高宽比对配筋灌芯纤维石膏墙板极限荷载刚度的影响程度最大，竖向压应力次之，体积配筋率的影响较小。

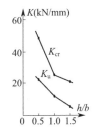

图 5-53　高宽比与开裂刚度
和极限荷载刚度的关系

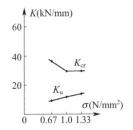

图 5-54　竖向力与开裂
刚度和极限荷载刚度的关系

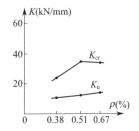

图 5-55　体积配筋率与开裂刚度
和极限荷载刚度的关系

5.3.8 试件的刚度退化

计算各个试件在不同位移时的割线刚度。图 5-56～图 5-58 为 9 个配筋灌芯纤维石膏墙板试件的刚度退化情况，由图可以看出，刚度随位移的增大逐渐减小即刚度退化，刚度在试件开裂之前退化较快，这是由于在这一阶段产生了微裂缝和材料的黏滞特性使构件的抗侧刚度明显降低，在极限荷载之后刚度退化速度下降。根据试验结果，B、M 和 S 系列配筋灌芯纤维石膏墙板试件的开裂刚度大约分别为各自原点初始刚度的 65%、60% 和 47%，极限荷载时的割线刚度分别为各自系列开裂刚度的 45%、42% 和 25%，试件的高宽比越大，刚度退化的速度越慢。

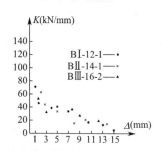

图 5-56 高宽比为 1：2 的试件刚度退化曲线 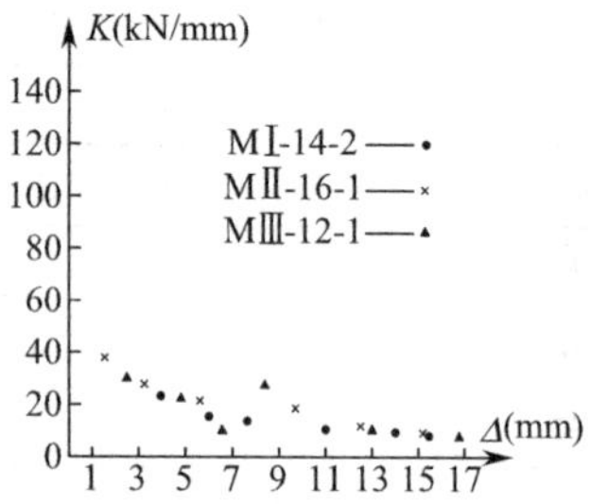 　　图 5-57 高宽比为 1：1 的试件刚度退化曲线

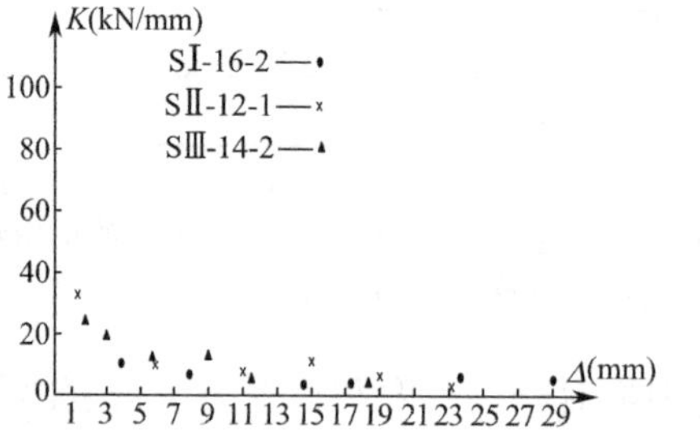

图 5-58 高宽比为 1.5：1 的试件刚度退化曲线

由图 5-56～图 5-58 可知，割线刚度与位移大致为抛物线关系，可表示为下式：

$$K = A\left(\frac{P_u}{\Delta_u}\right) + B\left(\frac{P_u}{\Delta_u^2}\right)\Delta + C\left(\frac{P_u}{\Delta_u^3}\right)\Delta^2 \tag{5-6}$$

式中　K——灌芯纤维石膏墙板试件的割线刚度（kN/mm）；

　　　P_u——灌芯纤维石膏墙板试件的极限荷载（kN）；

　　　Δ_u——灌芯纤维石膏墙板试件的极限荷载位移（mm）；

　　　Δ——灌芯纤维石膏墙板试件的位移（mm）；

　　　A，B 和 C 为待定常数。

经回归可得每个试件的 A、B 和 C 值列于表 5-12，为了便于利用取各个试件的平均值来表达配筋灌芯纤维石膏墙板的刚度退化关系：

$$\overline{A} = 5.0, \overline{B} = -6.86, \overline{C} = 2.48$$

即　　　　　　　$$K = 5.0\left(\frac{P_u}{\Delta_u}\right) - 6.86\left(\frac{P_u}{\Delta_u^2}\right)\Delta + 2.48\left(\frac{P_u}{\Delta_u^3}\right)\Delta^3 \tag{5-7}$$

割线刚度与位移关系式的系数　　　　　　　　　表 5-12

	BⅠ-12-1	BⅡ-14-1	BⅢ-16-2	MⅠ-14-2	MⅡ-16-1	MⅢ-12-1	SⅠ-16-2	SⅡ-12-1	SⅢ-14-2
A	3.00	6.11	5.66	4.56	3.29	3.97	5.29	8.75	4.41
B	−1.91	−3.38	−1.28	−4.98	−3.97	−6.0	−11.30	−22.49	−6.41
C	0.10	1.18	0.20	1.43	1.35	2.51	2.74	10.60	2.21

5.3.9　试件的恢复力模型

目前建筑结构中常用的恢复力模型有下面几种：Clough 退化三线型、Nielson 型、双线型以及指向原点型等。采用哪种恢复力模型是由结构的特性决定的，这里所给出的恢复力模型是通过具体试验得到的。图 5-59～图 5-63 为几个配筋灌芯纤维石膏墙板试件典型的恢复力模型。

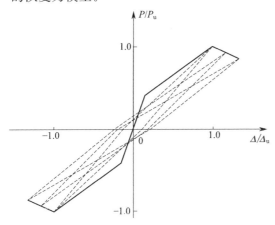

图 5-59　试件 BⅠ-12-1 的恢复力模型

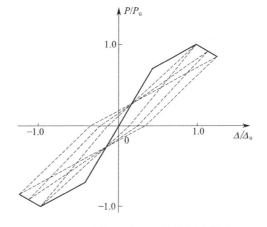

图 5-60　试件 MⅠ-14-2 的恢复力模型

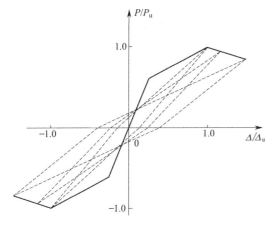

图 5-61　试件 MⅡ-16-1 的恢复力模型

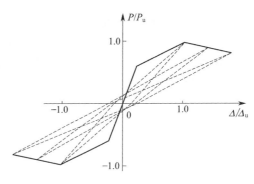

图 5-62　试件 SⅡ-12-1 的恢复力模型

由图 5-59～图 5-63 可以看到，由试验得到的恢复力模型与 Clough(M-1/ρ) 模型较为接近，而且高宽比大的试件恢复力模型较平缓，在 (1.0,1.0) 和 (−1.0,−1.0) 点以外的曲线段延伸距离较大，而高宽比较小的试件恢复力模型略显陡峭，(1.0,1.0) 和 (−1.0,−1.0) 点以外的曲线段延伸距离较小，说明了高宽比大的试件延性较好，这与

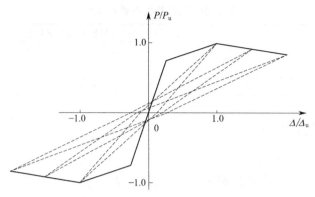

图 5-63　试件 SⅢ-14-2 的恢复力模型

表 5-8 的试件位移延性系数随高宽比的变化规律相吻合。

5.4　配筋灌芯纤维石膏墙板抗剪承载力计算

5.4.1　抗剪强度影响因素

　　根据表 5-3 试验结果，对各因素（高宽比 h/b，竖向压应力 σ_0 和体积配筋率 ρ）与抗剪强度的关系进行正交分析（结果列于表 5-15），可绘出高宽比、竖向压应力、体积配筋率对配筋灌芯纤维石膏墙板配筋试件抗剪强度的影响趋势，如图 5-64～图 5-66 所示。试件的高宽比越小，试件越扁平，试件抗剪强度越大；试件的体积配筋率越高，承载力越大；但是当体积配筋率增大时，试件的承载力提高不大，产生这种现象的主要原因是灌芯墙板本身的抗拉强度较低，相对来说容易破坏，使得高体积配筋率情况下的钢筋并不能够充分发挥作用，根据所测得的钢筋应力也能得到同样的结论。试件抗剪强度随着竖向荷载的增大而增大，当然这种关系是有一定范围的，如果 σ_0 增大到配筋灌芯纤维石膏墙板的抗压强度，即使侧向力很小，试件也能发生破坏。从理论上可以得到以下结论：如果配筋灌芯纤维石膏墙板试件是由于主拉应力而不是主压应力的作用引起的开裂受拉破坏，那么试件的抗剪强度随竖向正压力的增加而增加；在墙体试件的受压破坏范围内时，试件的抗剪承载力随着竖向压应力的增大而减小。

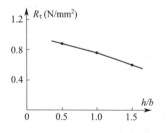

图 5-64　高宽比对试件抗剪强度的影响

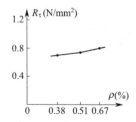

图 5-65　体积配筋率对试件抗剪强度的影响

　　在配筋灌芯纤维石膏墙板试验之前，已经做过 9 个不配筋的灌芯纤维石膏墙板试件，其分组方法与本试验按高宽比和竖向压应力分类方法相同。现将不配筋试件的开裂荷载

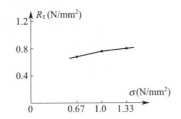

图 5-66 竖向压应力对试件抗剪强度的影响

P_{cr} 和极限荷载 P_u 列于表 5-13，以便与配筋试件相比较。

无筋灌芯纤维石膏墙板的荷载和位移值 表 5-13

试件编号	P_{cr}(kN)	Δ_{cr}(mm)	P_u(kN)	Δ_u(mm)
BⅠ-1	119.39	2.505	171.95	6.760
BⅡ-2	111.93	2.490	188.78	9.998
BⅢ-1	102.07	2.493	212.02	6.988
MⅠ-1	80.35	3.493	98.23	9.480
MⅡ-1	84.84	2.990	110.12	16.500
MⅢ-1	99.21	2.995	137.57	12.490
SⅠ-1	45.35	4.498	49.86	13.503
SⅡ-1	54.55	4.995	62.10	8.478
SⅢ-2	51.99	4.998	66.95	20.010

通过与表 5-3 的配筋试件极限荷载的比较，可见灌芯纤维石膏墙板配筋后的抗剪强度有了一定的提高，对不同的体积配筋率和高宽比，配筋灌芯纤维石膏墙板抗剪强度的提高程度不一，表 5-14 按照试件的高宽比列出了不同体积配筋率的配筋灌芯纤维石膏墙板相对于无筋灌芯纤维石膏墙板抗剪强度的提高率。

配筋灌芯纤维石膏墙板相对于无筋灌芯纤维石膏墙板抗剪强度的提高率 表 5-14

h/b ρ	0.5	1.0	1.5
0.38%	3.4%	34%	32%
0.51%	9.5%	34%	16%
0.67%	15%	2%	13%

试件的高宽比是影响墙体试件抗剪强度的重要因素。由表 5-14 中的配筋墙体试件抗剪强度的提高率可以看出，高宽比为 0.5、1.0 和 1.5 的试件抗剪强度提高率的平均值分别为 9.3%、23.3% 和 20.3%。抗剪强度随高宽比的变化规律不一致。原因可能有两个：第一，相比两种高宽比较大的试件，高宽比为 0.5 的试件中，钢筋与混凝土接触的距离相对较短，钢筋肋和混凝土之间的机械咬合作用距离就小，同时周围混凝土对钢筋的摩阻距

离和钢筋的锚固长度也减小，钢筋与混凝土的粘结作用减弱，所以抗剪强度提高率较高宽比大的构件小；第二，随着墙体试件高宽比的增大，试件的抗剪强度的提高程度却减小了，考虑是由于配筋墙体的极限状态与除钢筋外的墙体本身极限状态的不同步性，当墙体本身达到极限状态时，配筋墙体整体并未达到。

下面从高宽比、竖向压应力和体积配筋率三因素与试件的抗剪承载力的组合公式方面来分析各种因素的影响程度。通过前面的分析可知，高宽比、竖向压应力和体积配筋率三因素都能对墙体试件的抗剪承载力产生一定的影响，所以将灌芯墙板配筋试件的抗剪强度经验公式假设为如下的线性迭加形式：

$$V_\tau = A + B(b/h) + C(\sigma_0) + D(\rho) \tag{5-8}$$

式中　V_τ——试件的抗剪强度值（N/mm^2）；

　　b/h——试件的宽高比；

　　　σ_0——墙体试件顶部的竖向压应力（N/mm^2）；

　　　ρ——配筋试件的体积配筋率（%），A、B、C、D均为待定常数。这里需要说明一下，式(5-8)中采用的是试件的宽高比b/h，目的是使式中的常系数均为正值，以便比较各种因素对试件抗剪承载力的影响。

宽高比、竖向压应力和体积配筋率对配筋灌芯纤维石膏墙板试件抗剪能力的影响　表 5-15

影响因素	b/h			σ_0(N/mm^2)			ρ(%)		
	0.67	1.00	2.00	0.67	1.00	1.33	0.38	0.51	0.67
V_τ	0.60	0.76	0.87	0.68	0.76	0.80	0.69	0.74	0.80
R	0.743			0.007			1.68×10^{-5}		

首先分别考虑试件的宽高比（b/h）、竖向压应力（σ_0）和体积配筋率（ρ）三种因素对试件抗剪能力的影响，然后再将所得结果进行迭加，将表 5-3 中试件的抗剪强度值进行正交分析计算并得出每种因素影响下的方差 R 值，列于表 5-15。

利用曲线拟合方法中的最小二乘法原理，分别得出对应上述三种因素影响下的试件抗剪强度值：

$$V_\tau' = 0.518 + 0.185(b/h), \quad V_\tau'' = 0.665 + 0.080\sigma_0, \quad V_\tau''' = 0.744 + 0.023\rho。$$

对应 V_τ'、V_τ'' 和 V_τ''' 三个抗剪强度值的最大平方误差为 $\|\delta\|_2^2 = 0.12$。

根据 9 块墙体的实际抗剪承载力，可推得式(5-8)中的 A 值，最后得出灌芯纤维石膏墙板配筋试件的抗剪强度经验公式如下：

$$V_\tau = 0.43 + 0.19(b/h) + 0.08\sigma_0 + 0.02\rho \tag{5-9}$$

式中　V_τ——试件的抗剪强度值（N/mm^2）；

　　b/h——试件的宽高比；

　　　σ_0——墙体试件顶部的竖向压应力（N/mm^2）；

　　　ρ——配筋试件的体积配筋率（%）。

由式(5-9)和表 5-15 可以看出，宽高比对试件的抗剪强度值影响最大，其次是竖向压应力，体积配筋率的影响最小，说明式(5-9)的分析与表 5-15 的分析吻合较好。

5.4.2 钢筋效应

这里将试验中采用的 $\phi 12$、$\phi 14$ 和 $\phi 16$ 三种钢筋的屈服强度、抗拉强度和最大钢筋应力值列于表 5-16。

钢筋的强度和应力值　　　　　　　　　　　表 5-16

试验值 钢筋直径	屈服强度 $\sigma_y (N/mm^2)$	抗拉强度 $\sigma_t (N/mm^2)$	最大钢筋应力 $\sigma_{max} (N/mm^2)$	σ_{max}/σ_t （%）
$\phi 12$	390.0	557.5	487.6	87
$\phi 14$	372.5	542.5	452.0	83
$\phi 16$	372.5	565.0	320.2	56

由表 5-16 可知，$\phi 12$ 和 $\phi 14$ 钢筋均已屈服但并未达到钢筋实测的抗拉强度值，$\phi 16$ 未达到实测钢筋的屈服强度值，可见三种直径的钢筋与灌芯纤维石膏墙板试件协同工作较好，对于提高墙体试件的耗能能力起到了一定的作用。我们还可以看到，随着钢筋直径的增大，钢筋应力值呈现出递减趋势，说明对灌芯纤维石膏墙板试件提高体积配筋率时，钢筋没有能够充分发挥作用，原因有二：第一是缺乏足够的锚固，钢筋受力后产生滑移；第二是灌芯纤维石膏墙板本身的强度较低，体积配筋率有个上限，因此为了较好地发挥钢筋作用而又不使钢筋受力过大，建议采用 $\phi 14$ 钢筋为宜。

由表 5-5 以及表后的分析可知，钢筋在不同截面的受力是不同的，一般在靠近墙体试件顶部和底部的位置上钢筋受力较大，靠近试件中部位置的钢筋受力很小，考虑是墙体试件与顶梁和底梁的结合部位缺乏有效的锚固，使该部位的钢筋受力较大造成的。在实际工程中，建议应在墙体与基础的结合部位和层与层之间的结合部加强钢筋的锚固，增强钢筋和灌孔墙体在薄弱部位的协同工作能力。

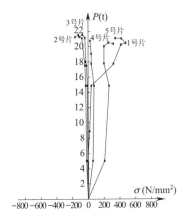

图 5-67　试件 BⅠ12-1 的
1~5 号钢筋应力变化图

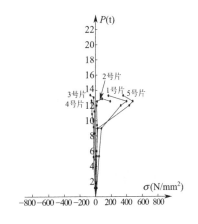

图 5-68　试件 MⅠ14-2 的
1~5 号钢筋应力变化图

下面将试验过程中几个典型试件在各循环荷载最大值时对应的钢筋应力值连接起来，得到图 5-67~图 5-69。由图可以看出，钢筋应力在试件开裂之前较小，试件开裂时靠近试件顶部和底部处的钢筋应力发生突变，荷载与位移曲线上出现拐点，应力增长速度加快，随着荷载的增加，钢筋应力迅速增大，超过极限荷载后，靠近试件顶部和底部已发生屈服的钢筋段的应力下降，而靠近试件中部的钢筋段的应力仍有缓慢增加。

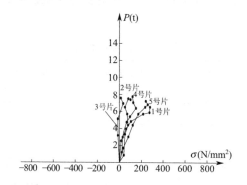

图 5-69 试件 S Ⅰ 16-2 的 1～5 号钢筋应力变化图

5.4.3 抗剪承载力计算公式

灌芯纤维石膏墙板配筋试件的抗剪承载力，可以认为是由两部分组成，第一部分是灌孔后石膏墙体本身的承载能力，另一部分是在极限荷载时钢筋的承载能力，即可用公式表示为：

$$P_u = P_M + P_g \tag{5-10}$$

式中　P_M——极限荷载时灌芯纤维石膏墙板所承担的力；

　　　P_g——极限荷载时钢筋所承担的力。

前面第 5.2.4 节内容已经讨论了在极限荷载时墙体试件内钢筋的内力，因为钢筋应变片位置的不同，测得的钢筋应力会随测点位置有很大变化，因此为了计算简便，我们将式（5-10）变形，得到式（5-11）来表达配筋灌芯纤维石膏墙板的抗剪承载力：

$$P_u = P_{u0} + \alpha f_y A_s \tag{5-11}$$

式中　P_{u0}——无筋灌芯纤维石膏墙板的抗剪承载力（N）；

　　　α——钢筋利用系数；

　　　f_y——钢筋设计强度（N/mm²）；

　　　A_s——竖向钢筋截面面积（mm²）。

第 4 章无筋灌芯纤维石膏墙板在抗震性能试验的设计按高宽比和竖向压应力两种因素考虑，与本文配筋灌芯纤维石膏墙板试件的设计方法相同。无筋墙体试件的抗剪承载力如下：

$$R_\tau = [0.0535 - 0.0239(h/b)] \times f_{g,m} + 0.262\sigma_0 \tag{5-12}$$

式中　R_τ——无筋灌芯纤维石膏墙板的抗剪承载力（N/mm²）；

　　　$f_{g,m}$——灌芯纤维石膏墙板的抗压强度（N/mm²），详见第 4 章；

　　　h/b——灌芯纤维石膏墙板的高宽比；

σ_0——灌芯纤维石膏墙板的竖向压应力（N/mm^2）。

无筋灌芯墙体的抗剪承载力：

$$P_{u0} = [0.0535 - 0.0239(h/b)] \times f_{g,m}bd + 0.262\sigma_0 bd \qquad (5\text{-}13)$$

式中　P_{u0}——无筋灌芯纤维石膏墙板的抗剪承载力（N）；

　　　b——灌芯纤维石膏墙板试件的宽度（mm）；

　　　d——灌芯纤维石膏墙板试件的厚度（120mm）；

其余符号含义同式(5-11)和式(5-12)。

将式(5-13)代入式(5-11)，并对配筋灌芯纤维石膏墙板抗剪承载力试验结果进行回归，可得到 $\alpha = 0.0466$，则配筋灌芯纤维石膏墙板抗剪承载力公式表达为：

$$P_u = [0.0535 - 0.0239(h/b)] \times f_{g,m}bd + 0.262\sigma_0 bd + 0.0466 f_y A_s \qquad (5\text{-}14)$$

符号含义同式(5-11)~式(5-13)。

这里需要说明的是，由第 2 章内容可知，在相同竖向荷载情况下，相同尺寸墙体的承压能力并不完全随着灌孔混凝土强度的提高而提高，其中灌孔 C25 混凝土的灌芯纤维石膏墙板承压能力大于灌孔 C20 和 C30 混凝土的灌芯纤维石膏墙板，分析可能是施工质量造成的，由于混凝土灌孔时无法振捣，同时 C30 混凝土的制备难度较大导致其强度低于 C25 混凝土，因此无筋和配筋灌芯纤维石膏墙板的灌孔混凝土均选取了 C25 混凝土，在使用式(5-14)时建议采用 C25 混凝土的轴心抗压设计值。

5.5　结论

本书通过 9 个配筋灌芯纤维石膏墙板的低周反复荷载试验，对构件的抗剪承载力、滞回特性、延性、耗能性、开裂刚度和刚度退化等受力特性及抗震性能进行了分析研究，得出主要结论如下：

（1）配筋灌芯纤维石膏墙板试件承受水平荷载时，各混凝土芯柱相当于一系列并排的密肋柱，掺加了玻璃纤维的石膏外墙板相当于约束构件，可以作为隔震和耗能元件，结构通过纤维石膏墙板的开裂和变形来耗散地震能量，从而提高了结构的抗震性能。

（2）配筋灌芯纤维石膏墙板比无筋灌芯纤维石膏墙板的抗剪强度有了较大的提高。

（3）配筋灌芯纤维石膏墙板试件的抗剪承载力、延性、耗能性和极限荷载位移，试件的高宽比影响最大，其次是竖向压应力，体积配筋率的影响最小。

（4）配筋灌芯纤维石膏墙板试件的滞回环比较饱满，说明结构吸收的地震能量较多，耗能能力较强，有利于结构的抗震，数次反复荷载以后，加载曲线上出现反弯点，形成了捏拢现象。

（5）配筋灌芯纤维石膏墙板试件破坏前以石膏外墙板的裂缝发展为标志，有明显的征兆，具备了较好的延性。

（6）配筋灌芯纤维石膏墙板的水平抗剪承载力可用式(5-14)进行计算。

（7）配筋灌芯纤维石膏墙板试件随着高宽比的增大，试件的位移延性系数、能量耗散系数、等效黏滞阻尼系数和极限荷载位移均增大；随着试件竖向压应力的增大，试件的位移延性系数增大，而能量耗散系数、等效黏滞阻尼系数和极限荷载位移减小；随着试件体积配筋率的增大，试件的极限荷载位移增大，而位移延性系数、能量耗散系数和等效黏滞阻尼系数均减小。

（8）对配筋灌芯纤维石膏墙板，灌孔混凝土均采用强度等级为 C25 的混凝土，试件高宽比在 0.5～1.5 之间，建议配筋灌芯纤维石膏墙板所配钢筋以 φ14 钢筋为宜。

灌芯纤维石膏墙板房屋 1 : 1 模型抗震性能试验研究

6.1 引言

前述几章都是对灌芯纤维石膏墙板单块墙板进行的试验研究，但作为整个结构还未做过任何试验研究。为了掌握这种结构体系的整体受力性能，建造了一个 1 : 1 的 5 层灌芯纤维石膏墙板结构模型，对结构施加竖向荷载，通过拟静力试验，对该结构体系房屋在水平地震作用下的抗震性能进行试验，研究以下内容：

（1）房屋结构的破坏特征及受力机理；

（2）房屋结构的抗震性能：承载力、延性、耗能性能、刚度退化；

（3）房屋结构的变形特性；

（4）验证房屋结构的构造措施。

6.2 模型抗震性能试验

6.2.1 模型设计

本试验模型为 1 : 1 模型，模型共 5 层，每层层高 2.7m，建筑面积 328.42m^2。模型纵向长度为 8.5m，横向长度 7.5m，基础由截面尺寸为 500mm×600mm 的钢筋混凝土底梁代替，现浇楼板，墙体材料为灌芯纤维石膏墙板，灌芯混凝土强度等级为 C25，上下层连接钢筋及角部构造钢筋采用Φ14。灌芯混凝土的实测轴心抗压强度及钢筋的实测性能参数分别见表 6-1、表 6-2。

灌芯混凝土的实测轴心抗压强度　　　　　　　　　表 6-1

层数	1	2	3	4	5
混凝土强度（MPa）	22.9	33.3	30.31	37.8	23.2

钢筋的实测性能　　　　　　　　　表 6-2

钢筋级别	屈服强度（MPa）	极限强度（MPa）	伸长率（%）
Φ14	403	630	27

试验模型的建筑平面图、立面图、剖面图如图 6-1～图 6-6 所示。

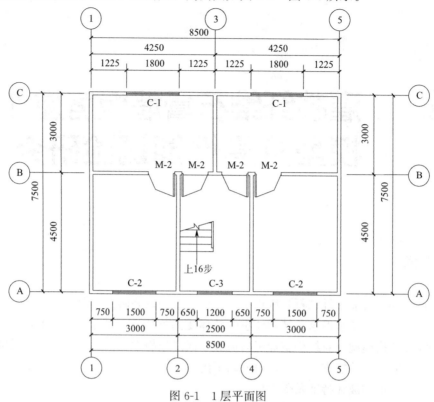

图 6-1　1 层平面图

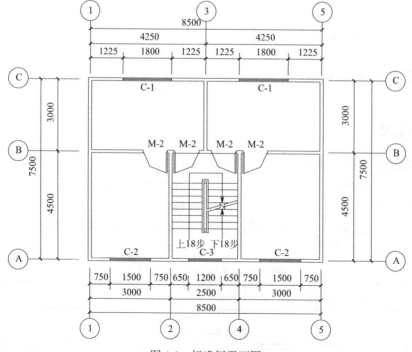

图 6-2　标准层平面图

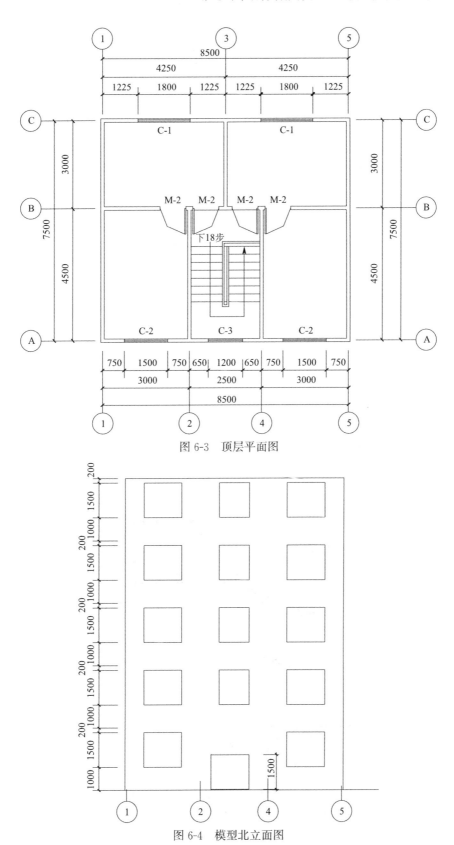

图 6-3　顶层平面图

图 6-4　模型北立面图

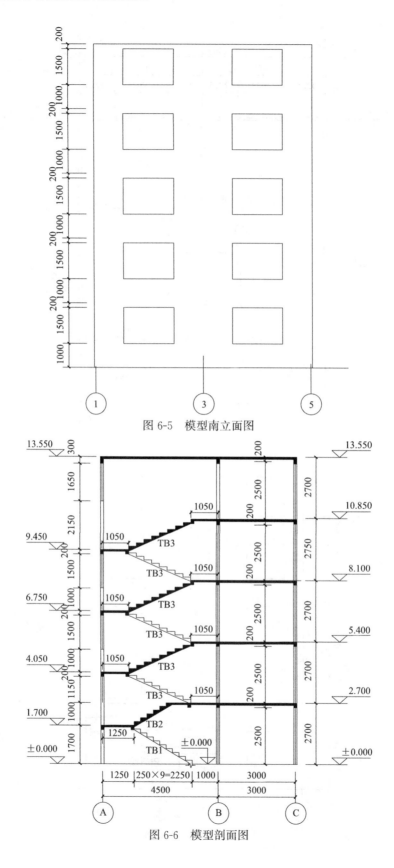

图 6-5　模型南立面图

图 6-6　模型剖面图

　　为了将模型锚固在静力台座上，模型下部设置钢筋混凝土底梁，代替房屋的基础。底梁上预留直径为 100mm 的孔洞以便用地锚将模型固定在静力试验台座上，底梁及预留孔洞布置如图 6-7 所示。

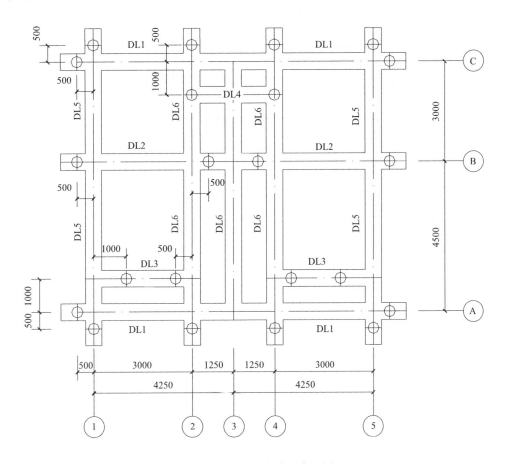

图 6-7　底梁及预留孔洞布置图

　　楼板采用钢筋混凝土现浇板，为了增加楼板的整体刚度以便施加水平荷载，楼板厚度取 120mm，标准层楼板配筋如图 6-8 所示。为了连接房屋的每一层，设置了现浇钢筋混凝土楼梯、2、3 层楼梯平台板配筋图如图 6-9 所示。在模型上下层墙板的每个孔洞内设置一根 Φ14 的拉结筋，拉结筋伸入上下层墙板的长度为 500mm，如图 6-10 所示。墙板与底梁交接处设置拉结筋，如图 6-11 所示。在纵横墙交接处沿竖向每隔 250mm 设 Φ6 的拉结筋。在纵横墙的交接处设置通长的竖向构造钢筋，如图 6-12、图 6-13 所示。模型下部设置钢筋混凝土底梁，代替房屋的基础。底梁配筋图如图 6-14 所示。每层楼层处设置钢筋混凝土圈梁和楼（屋面）板一起现浇，圈梁配筋图如图 6-15 所示。

6.2.2　模型制作

　　模型制作过程中预留了混凝土立方体试块和钢筋试样，模型制作过程如图 6-16～图 6-23 所示。

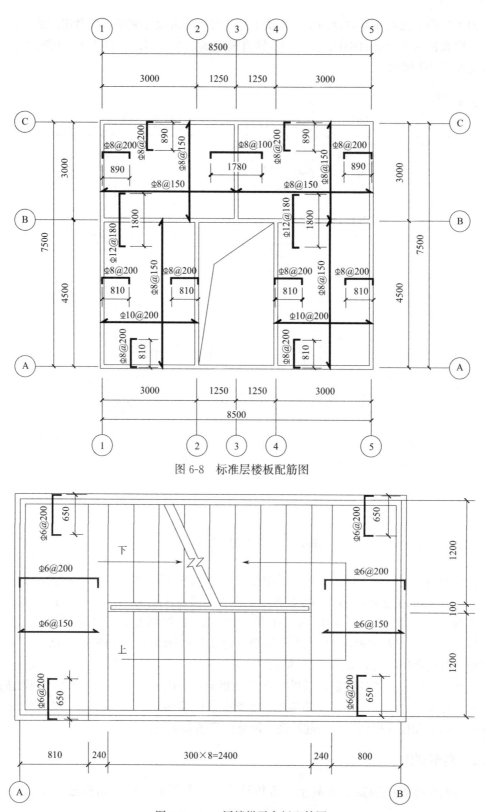

图 6-8　标准层楼板配筋图

图 6-9　2、3 层楼梯平台板配筋图

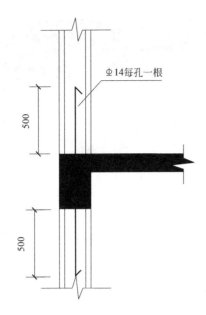

图 6-10　墙板上下连接节点详图

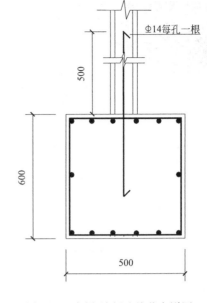

图 6-11　底梁-墙板连接节点详图

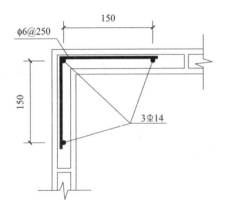

图 6-12　L 形墙板连接节点详图

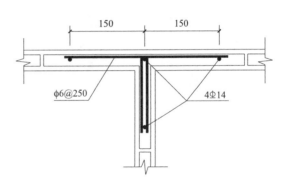

图 6-13　T 形墙板连接节点详图

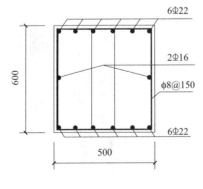

图 6-14　底梁配筋图

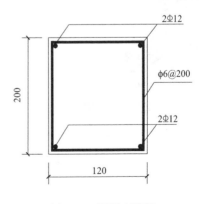

图 6-15　圈梁配筋图

图 6-16　底梁制作

图 6-17　1 层拉结钢筋上应变片粘贴位置

图 6-18　墙板安装

图 6-19　墙板节点固定

图 6-20　石膏墙板内浇筑混凝土并预埋上下拉筋

图 6-21　墙板洞口处理

图 6-22 模型施工现场

图 6-23 1：1 足尺模型

6.2.3 加载方案

本次试验首先施加竖向荷载，观察模型在正常标准竖向荷载作用下的受力情况。然后施加水平荷载，进行拟静力试验，观察模型在低周反复荷载作用下的破坏特征，通过试验得到模型的开裂荷载、极限承载力，以及模型在水平荷载作用下的变形性能。根据试验结果分析灌芯纤维增强石膏板墙体整个结构的受力机理、延性、耗能性能等抗震性能。

1. 模型竖向加载

加载方式：楼面和屋面均采用砂袋施加竖向荷载，加载时采用分级加载的方式。竖向荷载应包括楼面活荷载、构造层的自重，但在模型设计时，为了便于施加水平荷载将楼板厚度加大为 120mm，实际工程中取 100mm 即可。因此，施加楼面竖向荷载时，可以不再考虑楼面构造层的重量，只考虑楼面上的活荷载，屋面上所施加的荷载近似取屋面的活荷载与屋面保温层重量。

竖向荷载加载时分为两种情况：

(1) 为了考察结构在竖向荷载作用下的工作性能，楼面活荷载按 $2.0 \mathrm{kN/m^2}$ 施加，屋面活荷载取 $0.5 \mathrm{kN/m^2}$，并考虑保温层的重量 $0.5 \mathrm{kN/m^2}$，屋面按总荷载 $1 \mathrm{kN/m^2}$ 施加。楼面和屋面竖向荷载分五级施加至最终荷载值。

(2) 按照现行国家标准《建筑抗震设计规范》GB 50011 规定，在计算地震作用时，屋面活荷载不计入，屋面雪荷载按 50% 考虑，楼面活荷载折减 50%，因此，楼面可变荷载按 $1.0 \mathrm{kN/m^2}$ 考虑，屋面可变荷载按 0.5（保温层重量）＋0.2（50%雪荷载）＝ $0.7 \mathrm{kN/m^2}$ 考虑。

进行正式试验时，首先按第一种情况施加竖向荷载，观察模型在竖向荷载作用下的受力性能，然后卸掉部分竖向荷载，使模型楼面和屋面上的荷载为第二种情况所要求的荷载值，同时对模型施加水平荷载，研究模型的抗震性能。竖向荷载采用砂袋加载，每个砂袋重 0.5kN，将砂袋均匀地布置在每个房间和楼梯间内，如图 6-24 所示。

图 6-24　砂袋分布图

2. 模型水平加载

（1）加载方式：根据地震荷载的倒三角分布，理想状态为每层施加相应的荷载，在试验时，每层需要放置一个作动器，或采用分配梁在每层施加水平荷载，但无论哪一种方式，实际操作时都不容易实现，在加载时很难准确控制。根据我们曾经做过的试验，如果采用每层安装一个作动器，在每层施加一个集中荷载，当采用位移控制加载时，就很难实现荷载的倒三角形分布。如采用分配梁的方式在每层施加一个水平荷载，将需要很大的分配梁，这些加载装置所产生的荷载对模型的影响也很难消除，经调研国内已经做过的 1∶1 模型试验，大部分是在某一层施加一个集中水平荷载或在部分楼层上施加水平荷载，结合试验室的实际情况，本次试验采用仅在 4 层顶施加水平荷载的加载方式，该加载方式相当于在模型 4 层顶施加了一个地震作用的合力。水平荷载加载示意如图 6-25 所示。

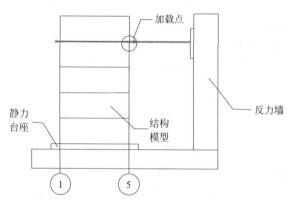

图 6-25　水平荷载加载示意图

本试验中，加载装置采用美国 MTS 生产的液压伺服加载系统施加水平荷载，共用了一个 1000kN 的作动器，两个 500kN 的作动器，作动器加载示意如图 6-26 所示，平面加载示意如图 6-27 所示。

模型两端设置工字钢梁，并通过钢绞线将钢梁拉结在一起，作动器通过连接件与钢梁连接，施加拉力时，通过钢绞线使钢梁对模型施加拉力。安装时，首先对钢绞线进行张拉，从而保证钢梁与模型不脱离，消除在施加拉力时钢绞线的过长变形，水平加载装置及

图 6-26　作动器加载示意图

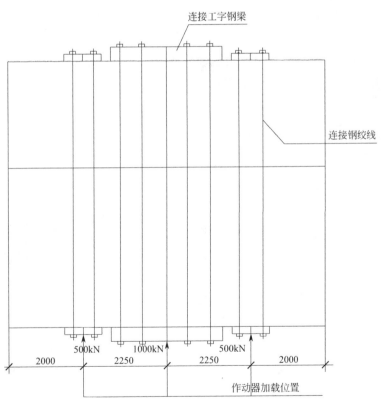

图 6-27　平面加载示意图

布置图如图 6-28～图 6-31 所示。

（2）加载制度

本试验采用了拟静力试验的加载方法。在 870kN 前采用双向往复加载，即对结构进行加载-卸载-反向加载-卸载作用；由于加载设备原因，在 870kN 后采用单向加载，即对结构只进行加载-卸载作用。本次试验采用力-位移控制方式进行加载,首先采用力的控制方式进行加载,当荷载-位移曲线出现明显的屈服变形特征后采用位移控制加载。以一次典型加载过程进行说明。第一轮加载:首先使用东西两方向 500kN 的作动器交互进行加载,以 30kN 为一个载荷步,各加到 360kN,然后使用中间 1000kN 的作动器进行加载,以 60kN 为一个载荷步。第二轮加载:首先使用中间 1000kN 的作动器进行加载,以 120kN 为一个载荷步,加载到 900kN,然后使用东西两方向 500kN 的作动器交互进行加载,以 30kN 为一个载荷步。第三轮加载:首先使用东西两方向 500kN 的作动器交互进行加载,以 60kN 为一个载荷步,各加到 360kN,然后使用中间 1000kN 的作动器进行加载,以 60kN 为一个载荷步。

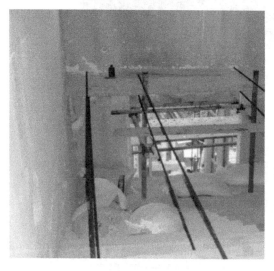

图 6-28　两端工字钢通过钢绞线连接

图 6-29　工字钢与作动器之间的连接

图 6-30　工字钢与模型的连接

图 6-31　工字钢预张拉、锚具锚固

6.2.4 仪器设备及测点布置

为了测试模型在水平荷载作用下各层的侧移及层间变形，在模型楼层的 2～5 层楼面处各布置一个大量程的磁致式位移传感器，位移传感器连接到 MTS 液压伺服加载系统控制柜上，自动记录荷载作用下的位移值。施加的水平荷载大小则由 MTS 液压伺服加载系统随时自动记录。试验需要掌握模型在水平荷载作用下的裂缝开裂位置，但直接观测裂缝比较困难，试验时采用声发射，测点分别布置在受竖向荷载较大的 1 层墙体上和直接作用水平力的四层墙体上，如图 6-32、图 6-33 所示。

图 6-32　探头布置位置

图 6-33　声发射仪

为了进一步了解墙板在水平荷载下的内力变化情况，以及墙体内混凝土芯柱的受力机理，除了在纵横墙交接处的贯通钢筋上布置应变测点外，本试验还在 1 层墙体上布置了应变测点，其中受力比较复杂的楼梯间 2 轴线墙体上布置 50 个应变测点，其中 40 个布置在混凝土芯柱上，10 个布置在墙板表面上，如图 6-34 和图 6-35 所示。3 轴线墙体同样布置了 50 个相同的测点，如图 6-36 所示。另外，在 1 层 A 轴与 C 轴上分别布置了 5 个应变测点。混凝土芯柱和石膏墙板的应变均采用 4mm×100mm 的大标距应变片来进行测试，混凝土芯柱和石膏墙板上的应变测点部分通过采集板连接到 MTS 控制柜上与荷载同步采集，部分通过 7V13 数据采集器来进行采集，如图 6-37 和图 6-38 所示。

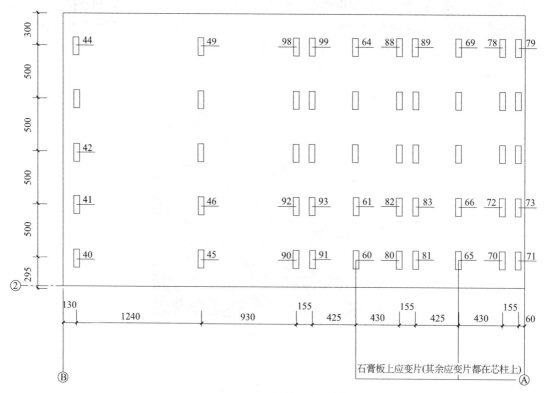

图 6-34　1 层 2-A-B 轴应变片布置图

图 6-35　2 轴墙体测点布置

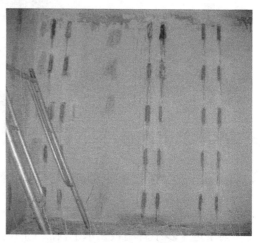

图 6-36　3 轴墙体测点布置

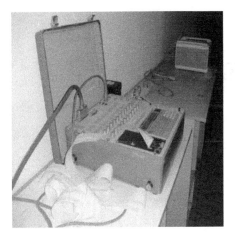

图 6-37　7V13 采集端

图 6-38　7V13 接收端

　　为了测试模型在水平荷载作用下纵横墙交接处所设置的通长构造钢筋的作用，我们在模型的 1 层、2 层及 4 层底端构造钢筋上布置了应变片，应变片在浇筑以前粘贴在钢筋上，并做防水处理，预埋在混凝土内部，共布置了 62 个钢筋应变测点，钢筋应变片布置如图 6-39～图 6-41 所示。

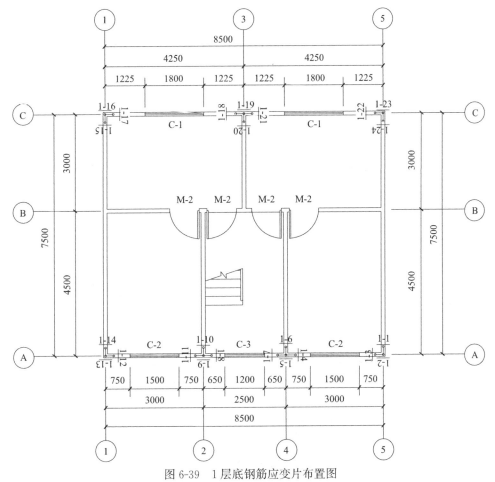

图 6-39　1 层底钢筋应变片布置图

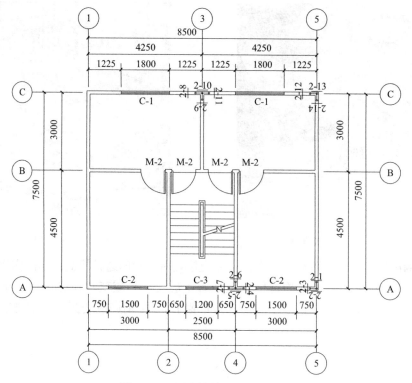

图 6-40　2 层底钢筋应变片布置图

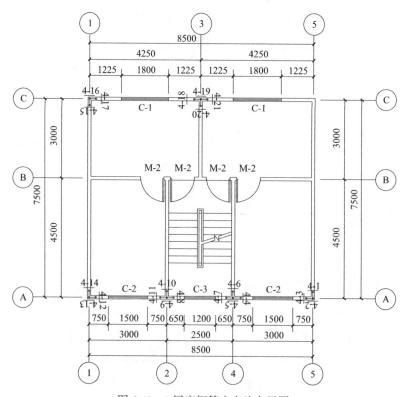

图 6-41　4 层底钢筋应变片布置图

6.3 模型抗震性能试验结果

按竖向荷载第一种情况施加竖向荷载，荷载分五级施加，加至全部荷载后停止 24h，然后观测模型的受力性能。试验发现墙板上无任何裂缝出现，模型工作性能良好。对竖向荷载进行调整，按第二种情况施加竖向荷载，进行模型在水平荷载作用下的抗震性能试验。

6.3.1 裂缝分布及破坏过程

1 层墙体的裂缝大部分是在水平载荷为 1560kN 时出现的。1 层的裂缝大部分是短小的针状斜裂缝，长度大约为 20cm，宽度为 0.06～0.08mm，主要分布在各个芯柱上。在 1 层底部和 1 层 3-5-C 轴墙体处出现了横向拉裂缝。1 层 B-C-5 轴墙体出现集中的拉裂缝。2 层的裂缝大部分是在水平荷载为 1500～1560kN 时出现的。2 层 B-C-1 轴墙体和 2 层 B-C-5 轴墙体有明显的两个斜裂缝带，呈 45°对角线分布，在这两个斜裂缝带内裂缝分布非常集中，长度在 55～130cm 之间，宽度大约为 0.08mm。2 层 A-B-5 轴墙体和 2 层 A-B-2 轴墙体的斜裂缝比较分散，大部分没有贯通，但长度比较大，大约为 100cm 以上。从 2 层 A-B-2 轴墙体的斜裂缝的状态明显能看出此墙板有从弯曲破坏向剪切破坏过渡的趋势。3 层的斜裂缝大部分是在水平荷载为 1500kN 时出现的。3 层 A-B-1 轴墙体和 3 层 A-B-5 轴墙体的斜裂缝明显呈 45°对角线分布，分布在整个墙面上，并且长度比较大，大约为 100cm，宽度大约为 0.1mm。而 3 层 B-C-1 轴墙体和 3 层 B-C-5 轴墙体的斜裂缝只分布在上部墙角处，并且分别与 3 层 A-B-1 轴墙体和 3 层 A-B-5 轴墙体的斜裂缝是贯通的，明显说明 3 层 A-C-1 轴墙体和 3 层 A-C-5 轴墙体是整片墙体整体工作的。3 层 A-B-2 轴楼梯间墙体在 1560kN 时也出现了两道斜裂缝。3 层 B-C-3 轴墙体在 1560kN 时也出现了多道斜裂缝，裂缝比较分散，并且分布于整个墙面，长度大约为 100cm，宽度大约为 0.1mm。4 层 A-B-1 轴墙体和 4 层 A-B-5 轴墙体的斜裂缝与 3 层相同，而 4 层 B-C-1 轴墙体和 4 层 B-C-5 轴墙体的斜裂缝明显呈 45°对角线，分布在整个墙面上，而不是只分布在墙角处，这与 3 层同样位置的裂缝是不一样的。分别与 4 层 A-B-1 轴墙体和 4 层 A-B-5 轴墙体的斜裂缝是贯通的，明显说明 4 层 A-C-1 轴墙体和 4 层 A-C-5 轴墙体是整片墙体整体工作的。4 层 A-B-4 轴墙体出现集中拉裂缝，裂缝形态同 1 层 B-C-5 轴墙体裂缝形态几乎一样。各层裂缝情况如图 6-42～图 6-69 所示。

图 6-42　1 层 A-B-1 墙体裂缝

图 6-43　1 层 B-C-1 墙体裂缝

图 6-44 1 层 B-C-5 墙体裂缝

图 6-45 1 层 A-B-5 墙体裂缝

图 6-46 1 层 A-B-4 墙体裂缝

图 6-47 1 层 B-C-3 墙体裂缝

图 6-48 2 层 A-B-1 墙体裂缝

图 6-49 2 层 B-C-1 墙体裂缝

图 6-50 2 层 B-C-5 墙体裂缝

图 6-51 2 层 A-B-5 墙体裂缝

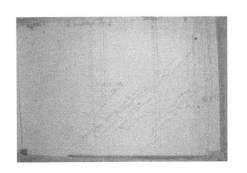

图 6-52　2 层 B-C-3 墙体裂缝

图 6-53　2 层 A-B-2 墙体裂缝

图 6-54　3 层 B-C-5 墙体裂缝

图 6-55　3 层 A-B-5 墙体裂缝

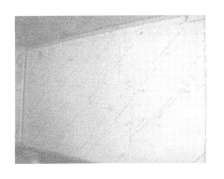

图 6-56　3 层 A-B-1 墙体裂缝

图 6-57　3 层 B-C-1 墙体裂缝

图 6-58　3 层 A-B-2 墙体裂缝

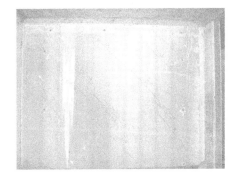

图 6-59　3 层 B-C-3 墙体裂缝

图 6-60　4 层 B-C-5 墙体裂缝

图 6-61　4 层 A-B-5 墙体裂缝

图 6-62　4 层 A-B-1 墙体裂缝

图 6-63　4 层 B-C-1 墙体裂缝

图 6-64　4 层 A-B-4 墙体裂缝

图 6-65　4 层 B-C-3 墙体裂缝

图 6-66　1 层 1-3-C 墙体裂缝

图 6-67　1 层 4-5-A 墙体裂缝

图 6-68　1 层 3-5-C 墙体裂缝

图 6-69　1 层 1-2-A 墙体裂缝

6.3.2　墙板应变测试结果

1 层 2-A-B 轴墙体上石膏墙板和混凝土芯柱的荷载-应变曲线如图 6-70～图 6-72 所示。

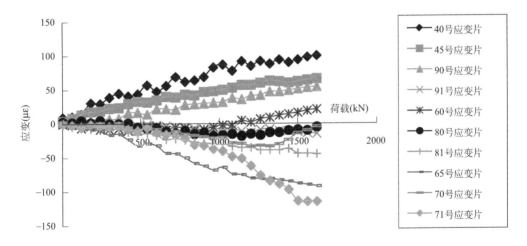

图 6-70　1 层 2-A-B 墙体荷载-应变曲线

2 层底 A 轴钢筋荷载-应变曲线如图 6-73 所示。
4 层底 C 轴钢筋荷载-应变曲线如图 6-74 所示。
1 层 3-B-C 轴石膏墙板和混凝土芯柱荷载-应变曲线如图 6-75 所示。

6.3.3　变形性能

结构模型在水平荷载 870kN 以前 4 层顶荷载-位移滞回曲线如图 6-76 所示。从图中可以看出，水平荷载作用下结构处于弹性阶段，滞回曲线不能反映结构的实际耗能性能。

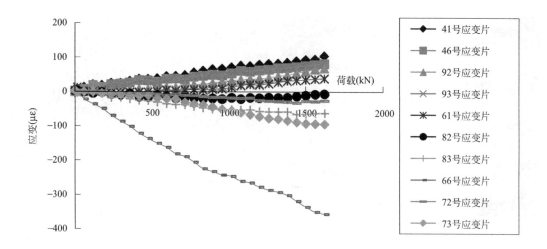

图 6-71　1 层 2-A-B 墙体荷载-应变曲线

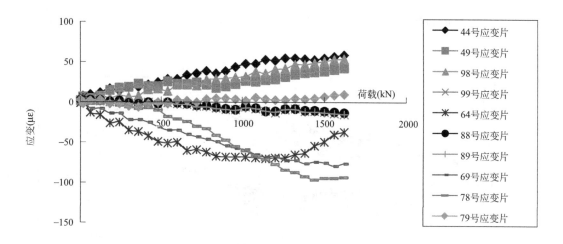

图 6-72　1 层 2-A-B 墙体荷载-应变曲线

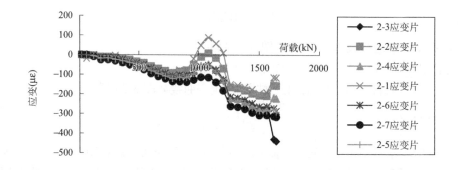

图 6-73　2 层底 A 轴钢筋荷载-应变曲线

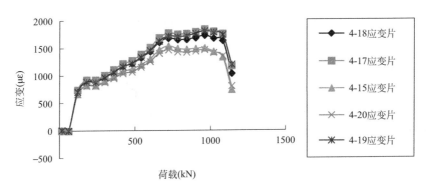

图 6-74　4 层底 C 轴钢筋荷载-应变曲线

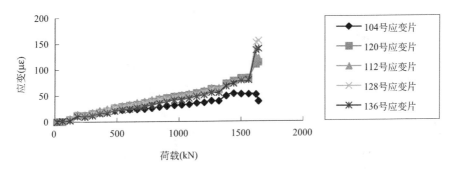

图 6-75　1 层 3-B-C 轴石膏墙板和混凝土芯柱荷载-应变曲线

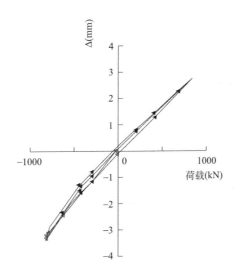

图 6-76　模型荷载-位移滞回曲线

水平荷载 870kN 以后各层顶单调水平加载时的荷载-位移曲线如图 6-77～图 6-80 所示。

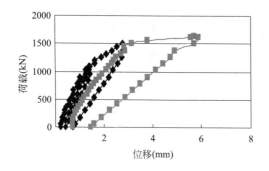

图 6-77　1层顶荷载-位移曲线

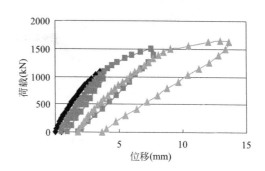

图 6-78　2层顶荷载-位移曲线

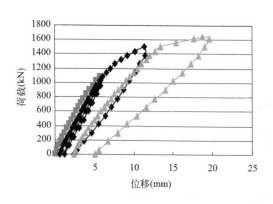

图 6-79　3层顶荷载-位移曲线

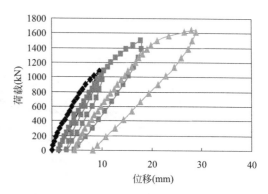

图 6-80　4层顶荷载-位移曲线

　　表 6-3 为模型各楼层在不同水平荷载作用下的水平位移；表 6-4 为模型各楼层在不同水平荷载作用下的层间侧移。

模型各楼层在不同水平荷载作用下的水平位移（mm）　　　　表 6-3

楼层 \ 荷载(kN)	240	480	720	960	1200	1440	1560	1620	1640
地面	0	0	0	0	0	0	0	0	0
1 层顶	0.23	0.30	0.61	0.85	1.85	2.52	3.34	4.05	4.72
2 层顶	0.64	1.55	2.62	3.84	5.20	6.70	8.66	10.26	11.84
3 层顶	1.12	2.65	4.37	6.21	8.20	10.39	13.06	15.32	17.29
4 层顶	1.65	4.02	6.58	9.36	12.25	15.43	18.92	21.96	24.39

模型各楼层在不同水平荷载作用下的层间侧移（mm）　　　　表 6-4

楼层 \ 荷载(kN)	240	480	720	960	1200	1440	1560	1620	1640
地面	0	0	0	0	0	0	0	0	0
1 层顶	0.23	0.30	0.61	0.85	1.85	2.52	3.34	4.05	4.72

续表

荷载(kN) 楼层	240	480	720	960	1200	1440	1560	1620	1640
2 层顶	0.41	1.25	2.01	2.99	3.35	4.18	5.32	6.21	7.12
3 层顶	0.48	1.10	1.75	2.37	3.00	3.69	4.45	5.06	5.45
4 层顶	0.53	1.37	2.21	3.15	4.05	5.04	5.86	6.64	7.10

图 6-81 为模型各楼层在不同水平荷载作用下各层层间位移图。

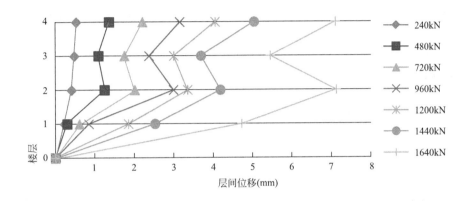

图 6-81　模型各楼层在不同水平荷载作用下各层层间位移图

6.4　模型抗震性能试验结果分析

6.4.1　破坏特征分析

　　由试验结果可知：在 3、4 层墙体上出现的主要是贯通整个墙面的斜裂缝，基本为 45° 斜裂缝。1 层墙体上多为沿混凝土芯柱分布的针状斜裂缝，另外，在 1 层 1 轴和 5 轴的横墙上受推力作用的一侧出现倾角较小的斜裂缝，1 层 C 轴纵墙上出现水平拉裂缝。2 层墙体上既有分布在混凝土芯柱上的针状斜裂缝也有分布在整片墙上的 45° 斜裂缝。

　　由模型的实际受力情况可知：墙体内力有竖向荷载，水平荷载在墙体中产生弯矩和剪力。因此墙体某一点的应力包含竖向压应力和弯矩产生的竖向正应力及剪力产生的剪应力。每一点的主应力可按下式计算：

$$\sigma_1 = \frac{\sigma_y}{2} + \frac{1}{2}\sqrt{\sigma_y{}^2 + 4\tau_{xy}{}^2} \tag{6-1}$$

$$\sigma_2 = \frac{\sigma_y}{2} - \frac{1}{2}\sqrt{\sigma_y{}^2 + 4\tau_{xy}{}^2} \tag{6-2}$$

$$\left.\begin{array}{c}\tau_{\max}\\ \tau_{\min}\end{array}\right\} = \pm\frac{\sigma_1 - \sigma_2}{2} \tag{6-3}$$

$$\tan 2\alpha_0 = \frac{2\tau_{xy}}{\sigma_y} \tag{6-4}$$

式中　　σ_y——竖向压力及弯矩产生的正应力（MPa）；

　　　　τ_{xy}——剪力产生的剪应力（MPa）；

　σ_1、σ_2——第一、第二主应力（MPa）；

τ_{max}、τ_{min}——最大剪应力、最小剪应力（MPa）；

　　　　α_0——最大正应力所在截面的方位角（°）。

3、4 层墙体产生的是贯通整个墙体的斜裂缝，并且沿 45°角延伸。根据式（6-4），剪应力起控制作用，无论竖向荷载产生的压力还是水平荷载产生的弯矩都较小，模型上部各层为剪切破坏。

1 层墙体的裂缝特征与 3、4 层截然不同，在受推力作用的一端纵墙上出现了水平裂缝，横墙上也出现了较小的斜裂缝。这时，主拉应力的方向几乎是竖向的，显然这是受弯矩作用的结果。因此，1 层墙体受到较大的弯矩作用。1 层墙体上产生针状斜裂缝，应该是竖向压应力较大的结果。日本的武藤清对带缝剪力墙进行了深入的研究，他提出一种新的带竖缝抗震墙，即用几条竖缝将一片墙体划分成几根并列的宽柱，从而改变了抗震墙的力学特性。竖缝抗震墙在水平力作用下所产生的侧移，不再是以墙体的剪切变形为主，而是以并列柱的弯曲变形为主。原来墙面上的斜向裂缝，被并列小柱上、下端的水平裂缝所取代。在一个方向水平地震作用下，竖缝抗震墙中小柱弯曲受拉一侧出现的水平缝，在反向地震作用下将趋于闭合，并能继续有效地承担弯曲所引起的压力。由于抗震墙的力学特性由剪切转变为弯曲，弹性极限侧移值加大，延性改善，弹塑性耗能能力增加，而且避免了普通抗震墙斜裂后出现的严重刚度退化。钢筋混凝土竖缝剪力墙的刚度、抗力和延性的匹配情况得到较好的协调。带竖缝抗震墙应用于框-剪体系中，与框架共同承担水平地震作用时的同步工作程度得到很大的改善。剪力墙与带缝剪力墙的破坏特征分别如图 6-82、图 6-83 所示。本试验 1 层墙体的裂缝与上述武藤清教授提出的带缝剪力墙产生的裂缝非常相似。因此，1 层墙体形成了带缝剪力墙，这对于结构的抗震性能是非常有利的。

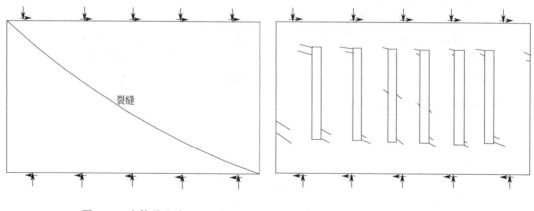

图 6-82　实体剪力墙　　　　　　　　　　　　图 6-83　带竖缝剪力墙

2 层墙体上既有斜裂缝，又有针状斜裂缝，说明其弯矩和剪力都比较大。从 1 层、2

层的受力分析可知，模型下部各层是由弯矩和竖向压力作用引起的破坏，因此，在结构设计时，除了验算墙板平面外的受压承载力，还要验算墙板平面内偏心受压承载力和墙板斜截面抗剪承载力。

灌芯纤维石膏墙体房屋层间位移顶层最大，1 层最小。我们认为该结构体系其受力机理类似于剪力墙结构，其内力分析可参照剪力墙结构。多层灌芯纤维石膏墙体房屋在水平荷载作用下的计算简图可考虑为嵌固于基础上的悬臂结构。对于质量和刚度沿高度分布比较均匀，高度小于 40m 的灌芯纤维石膏墙体房屋，可按底部剪力法计算各楼层的剪力和弯矩。每层中的各个墙板作为一个单独的整体，根据自身的抗侧移刚度大小分配水平荷载。如 3、4 层墙体的斜裂缝主要分布在 1 轴和 5 轴墙体上，楼梯间墙体的斜裂缝比较少。原因是：1 轴和 5 轴墙体的高宽比较小，墙体刚度大，因此分担的水平荷载大。而楼梯间墙体的高宽比较大，因此分担的水平荷载小。

6.4.2　墙体应力测试结果分析

灌芯纤维石膏墙体房屋在受到水平荷载作用时，孔内的混凝土由于受到纤维板肋的阻隔，形成一个个的小芯柱。由墙体上石膏墙板和混凝土芯柱应力测试结果知：在水平荷载作用时墙体一侧受压另一侧受拉，即墙体存在受拉区和受压区，且对整个 1 层墙体从下端到上端皆为这样分布。说明墙体受同方向的弯矩作用，不存在反弯点。也说明这种结构体系的墙体存在整体受弯的特性。在水平荷载作用下，整片墙以整体工作，而不是单个芯柱工作，墙体受力机理类似于剪力墙。

根据前述 1 层墙体裂缝分析，1 层受到较大的弯矩作用；上部几层为剪切破坏，弯矩较小。由 1 层底、2 层底、4 层底构造拉结钢筋应力测试结果知：受拉端 1 层钢筋应力屈服，钢筋发挥了较大的作用。因此，对于多层房屋，应适当考虑在 1 层石膏墙板空腔内配筋。

6.4.3　变形分析

框架结构在水平荷载作用下的变形是以剪切型为主，楼层层间位移自顶层至底层逐渐增大；剪力墙结构在水平荷载作用下的变形是以弯曲型为主，楼层层间位移自顶层至底层逐渐减少。试验模型各楼层在水平荷载下的层间位移如图 6-81 所示，顶层层间位移最大，底层最小，当荷载较大时层间位移自底层至顶层不是一直增大，在 3 层时有所减少。其变形不完全是剪力墙的弯曲型变形，而是介于框架和剪力墙之间的弯剪型变形；由试验结果分析该模型在不同荷载下各楼层相对于 1 层的层间位移比见表 6-5。

模型在不同荷载作用下各楼层相对于 1 层的层间位移比　　　　表 6-5

荷载(kN) ＼ 楼层	1 层	2 层	3 层	4 层
240	1.00	1.78	2.09	2.30
480	1.00	4.17	3.67	4.57
720	1.00	3.30	2.87	3.62
960	1.00	3.52	2.79	3.71

楼层 荷载(kN)	1层	2层	3层	4层
1200	1.00	1.81	1.62	2.19
1440	1.00	1.66	1.46	2.00
1560	1.00	1.59	1.33	1.75
1620	1.00	1.53	1.25	1.64
1640	1.00	1.51	1.15	1.50

由表 6-5 知：随着水平荷载的不断增加，房屋上部各层的层间位移相对于 1 层层间位移的比例逐渐减小，其变形由弯曲型逐渐向弯剪型转变。原因是随着水平荷载的增加，石膏墙板逐渐开裂并退出工作，结构的刚度降低，密排柱的作用增大。

6.5 灌芯纤维石膏墙板模型抗震性能

6.5.1 模型抗震承载能力

由试验结果知：此结构在水平荷载作用下的开裂荷载为 1500kN，极限承载力为 1640kN。为了分析其抵抗地震作用的能力，现对房屋在地震时的地震作用进行计算，计算结果如下。

对于多质点弹性体系的水平地震作用，结构的水平荷载可采用底部剪力法来确定。因为本结构的质量和刚度沿高度分布比较均匀，高度<40m，满足底部剪力法的要求。在计算结构各质点上的水平地震作用时，可仅考虑基本振型。

结构底部总剪力：

$$F_{Ek} = \alpha_1 G_{eq} \tag{6-5}$$

式中 F_{EK}——结构总水平地震作用标准值；

α_1——相应于结构基本自振周期的水平地震影响系数值；

G_{eq}——结构等效总重力荷载。

根据现行国家标准《建筑抗震设计规范》GB 50011，多质点结构等效总重力荷载取总重力荷载代表值的 85%，且结构的重力荷载代表值在计算水平地震作用时，应取结构和构件自重标准值和可变荷载组合值之和。本结构采用东华测试系统，利用脉动法实测模型的基本自振周期为 $T_1 = 0.1169s$。根据场地类别和设计地震分组确定模型的特征周期 T_g。根据现行国家标准《建筑抗震设计规范》GB 50011 的地震影响系数曲线确定结构的基本自振周期的水平地震影响系数 $\alpha_1 = \alpha_{max}$，采用各设防烈度时水平地震影响系数的最大值，抗震设防烈度为 7 度（0.10g）、8 度（0.20g）、9 度时的水平地震影响系数最大值分别为 0.08、0.16、0.32。模型的总重力荷载代表值为 3002.73kN，本试验模型重力荷载代表值如图 6-84 所示。根据式（6-5）计算设防烈度分别为 7 度、8 度、9 度时的地震作用及楼层剪力，如图 6-85～图 6-90 所示。

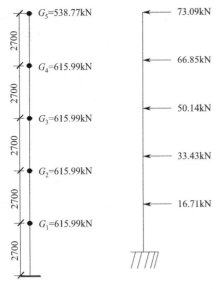

图 6-84 模型重力
荷载代表值

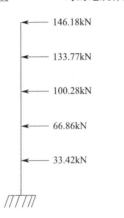

图 6-85 7 度设防
时的地震作用

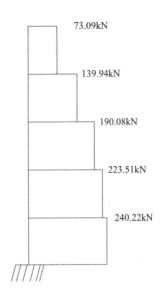

图 6-86 7 度设防时各楼层的层间剪力

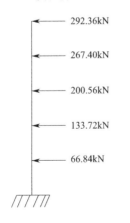

图 6-87 8 度设防时的地震作用

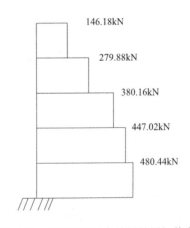

图 6-88 8 度设防时各楼层的层间剪力

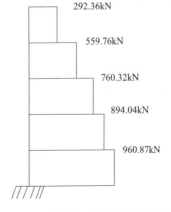

图 6-89 9 度设防时的地震作用

图 6-90 9 度设防时各楼层的层间剪力

由此可见，此模型完全满足抗震承载力的要求。同时我们也应该注意到：由于本结构是在 4 层顶施加了一个各层地震作用的合力，这样无形中就增加了除底层以外各层的剪力，同时也增加了各层的弯矩。因此可以这样说，在模型 4 层顶施加一个各层地震作用的合力是一种最不利的情况，这样就增加了各层的受力大小。所以现实中，即使此种结构受到 9 度设防时的水平地震作用，此种结构的破坏程度也远不及模型在试验过程中的破坏程度。因此此种结构还有很大的抗震承载力富余空间。

6.5.2 模型的耗能性能

由于本试验采用拟静力进行加载。在开裂荷载前采用双向往复进行加载，即对结构进行加载-卸载-反向加载-卸载作用，这样能得到完整的滞回曲线；在开裂荷载后采用单向加载，即对结构只进行加载-卸载作用，这样只能得到半个滞回曲线，即第一象限的滞回曲线。本试验中各层的荷载-位移曲线如图 6-91 所示。

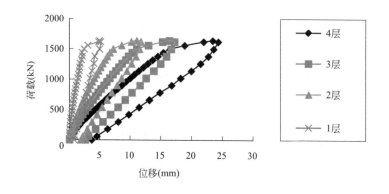

图 6-91　各层的荷载-位移曲线

能量耗散系数和等效黏滞阻尼系数是结构在地震中耗能能力的重要指标。

由于本试验只有加载-卸载过程，即只能得到第一象限的滞回环。所以不能定量地从结构的能量耗散系数、结构等效黏滞阻尼系数来分析结构的耗能能力。由于第一象限的滞回环比较饱满，所以可以定性得到此结构耗能能力较好的结论。

6.5.3 模型的延性

各层理想弹塑性屈服点对应的位移 Δ_y、极限位移 Δ_u 以及位移延性系数 μ 见表 6-6。由于本试验未做到结构的下降段，故取最大荷载时的位移为 Δ_u。

各层的 Δ_y、Δ_u、μ 值　　　　　　　　　　　　　　　　表 6-6

层数	第 1 层	第 2 层	第 3 层	第 4 层
Δ_y(mm)	2.465	7.26	11.15	16.55
Δ_u(mm)	5.19	11.84	17.27	24.33
μ	2.105	1.631	1.549	1.470

由表 6-6 可以看出，此结构在目前施加的荷载情况下的位移延性系数在 1.470～2.105

范围内。

6.5.4 模型的开裂刚度

根据各层的荷载-位移曲线，如图 6-92 ～图 6-95 所示，计算各层的开裂刚度，见表 6-7。

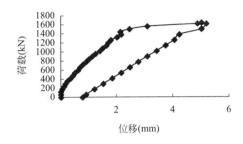

图 6-92 1 层荷载-位移曲线

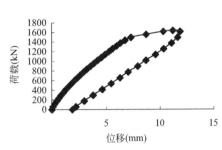

图 6-93 2 层荷载-位移曲线

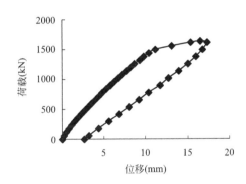

图 6-94 3 层荷载-位移曲线

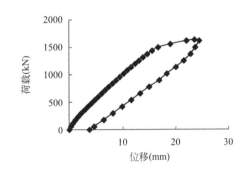

图 6-95 4 层荷载-位移曲线

模型各层的开裂刚度 表 6-7

刚度	1 层	2 层	3 层	4 层
K_{cr}(N/mm)	60.852×10^4	20.661×10^4	13.453×10^4	9.063×10^4

模型的开裂刚度按式（6-6）计算：

$$\frac{1}{K_{cr}} = \frac{1}{K_{cr1}} + \frac{1}{K_{cr2}} + \frac{1}{K_{cr3}} + \frac{1}{K_{cr4}} \tag{6-6}$$

将表 6-7 数据代入式（6-6）可得：$K_{cr} = 4.008 \times 10^4$ N/mm

6.6 结论

通过对 5 层 1∶1 灌芯纤维石膏墙板房屋结构模型在水平荷载作用下的抗震性能试验结果分析，可以得到如下结论。

（1）模型的受力机理：多层灌芯纤维石膏墙板房屋在水平荷载作用下的受力类似于剪力墙结构。可简化为嵌固于基础上的悬臂结构，按底部剪力法进行计算。每层中的各片墙根据自身的抗侧移刚度分配水平荷载。

（2）结构设计时，灌芯纤维石膏墙板应进行平面外受压承载力、平面内偏心受压承载力和斜截面抗剪承载力计算。由于底层弯矩较大，应适当考虑在石膏墙板空腔内配置纵向受力钢筋。

（3）模型的变形特性：模型在水平荷载作用下，随着水平荷载的增加，房屋上部各层的层间位移相对于底层层间位移的比例逐渐减小，模型的侧向变形由弯曲型逐渐向弯剪型转变。底层变形类似于带缝剪力墙结构。

（4）灌芯纤维石膏墙板房屋结构体系具有足够的抗震承载力。

7 灌芯纤维石膏墙板局部受压试验研究

在灌芯纤维石膏墙板承重结构体系房屋中，可能会有混凝土大梁直接支承在灌芯纤维石膏墙板上的情况，此时大梁下的墙板将会受到局部压力作用，本章对灌芯纤维石膏墙板局部受压的性能进行试验研究。

7.1 试件的设计和制作

7.1.1 试件的设计

由于灌芯石膏墙板的肋将混凝土分割成许多芯柱，而纤维石膏的力学性能与混凝土相差很大，因此，这种墙板不同于一般砌体和混凝土剪力墙。当局部荷载作用在不同位置时，其局压性能将不同，如作用在墙板端部、中间灌芯孔处、中间肋处。因此，本次试验主要研究了不同局压位置试件的抗局压性能。设计试件尺寸均为 770mm×120mm×1000mm，全部采用强度等级为 C25 的混凝土灌孔灌实，分别在试件端部、中间灌芯孔处、中间肋处施加局部荷载。一共设计了 3 组 9 个试件。局部受压试件设计参数见表 7-1。试验灌芯墙板截面如图 7-1 所示。

局部受压试件设计参数　　　　　　　　　　　　　　表 7-1

组别	试件编号	试件尺寸(长×宽×高,mm)	局压部位	备注
1	Z-A-1	770×120×1000	试件端部	
	Z-A-2			
	Z-A-3			
2	Z-B-1	770×120×1000	中间灌芯孔处	灌筑混凝土强度等级均为 C25
	Z-B-2			
	Z-B-3			
3	Z-C-1	770×120×1000	中间肋处	
	Z-C-2			
	Z-C-3			

图 7-1　试验灌芯墙板截面图

图 7-2～图 7-4 为局部受压试件不同局压位置示意图。

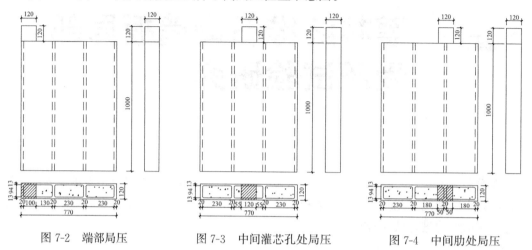

图 7-2　端部局压　　　　　图 7-3　中间灌芯孔处局压　　　　　图 7-4　中间肋处局压

7.1.2　试件的制作

向切割好的空心纤维石膏墙板的空腔内浇筑 C25 混凝土，浇筑完毕后养护 28d，同时留置备用试件。共完成了 9 块灌芯玻璃纤维速成石膏墙板的局部抗压试验。

7.2　试验装置及加载制度

7.2.1　试验装置

采用 5000kN 的液压试验机进行加载，加载装置如图 7-5、图 7-6 所示。

图 7-5　局部受压试验装置（中间灌芯孔处局压）

图 7-6　局部受压试验装置（中间肋处局压）

7.2.2　加载制度

试验过程中，首先预加载 50kN，确定试验装置及量测仪表工作正常后正式加载，在墙板初裂前以每级 20kN 的荷载值进行加载，墙板开裂时，记录初裂荷载值，并以每级 10kN 的荷载值进行加载，直至墙板破坏，同时记录破坏荷载值。

7.3 局部受压试验结果

7.3.1 芯柱混凝土强度

由于立方体试块和芯柱混凝土密实性有一定差别，从备用试件中取出混凝土芯柱进行试压，经试压后发现芯柱的轴压强度与立方体试块得到的混凝土轴压强度比值为 0.81。因此，在试验结果分析时，根据测得的预留混凝土试块立方体抗压强度通过公式 $f_c = 0.76 f_{cu}$ 计算得到立方体试块轴心抗压强度，乘以 0.81 的修正系数，得到芯柱混凝土轴心抗压强度，修正结果见表 7-2。

芯柱混凝土轴心抗压强度　　　　表 7-2

原设计混凝土强度等级	立方体抗压强度 f_{cu}(N/mm^2)	立方体轴心抗压强度 f_c(N/mm^2)	芯柱轴心抗压强度 f_c(N/mm^2)
C25	18.39	13.97	11.31

7.3.2 试件局压承载能力

灌芯纤维石膏墙板试件局部受压试验结果见表 7-3。

灌芯纤维石膏墙板试件局部受压试验结果　　　　表 7-3

组别	试件编号	极限荷载(kN)	局部受压面积(mm^2)	局部受压位置	平均极限荷载(kN)
1	Z-A-1	125	14400	端部	135
	Z-A-2	135	14400		
	Z-A-3	145	14400		
2	Z-B-1	170	14400	中间灌芯孔处	193
	Z-B-2	190	14400		
	Z-B-3	220	14400		
3	Z-C-1	178	14400	中间肋处	186
	Z-C-2	195	14400		
	Z-C-3	185	14400		

7.4 局部受压试验结果分析

7.4.1 破坏形态

试件局部受压位置不同，表现出不同的破坏形态。试件在端部局部受压，试验过程中首先在端肋部出现竖向裂缝，随荷载增加裂缝延伸并加宽，在板面上靠近端部肋处的部位也有斜裂缝出现，并迅速发展。在试验过程中，端肋部裂缝最宽，发展也最快，最终因靠近边缘的肋被拉坏，部分混凝土被压碎，整个墙板破坏。拨开石膏墙板上部的外层玻璃纤维，发现靠近端部的孔内混凝土部分被压碎，而未直接受局部荷载作用的孔内混凝土和墙板肋没有明显的破坏。破坏形态如图 7-7～图 7-9 所示。

图 7-7　端部局部受压板面裂缝

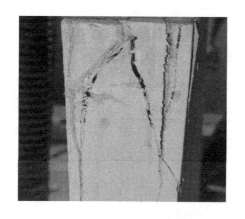

图 7-8　端部局部受压肋处裂缝　　　　图 7-9　端部局部受压边缘孔内混凝土破坏

试件在中间灌芯孔处局部受压，试验过程中首先在中间灌芯孔处垫块下面出现竖向裂缝和斜裂缝，随荷载增加裂缝加宽并向下延伸，继而延伸到整块板面，最终因垫块下的纤维石膏墙板面被拉坏，中间孔处部分混凝土被压碎，整个墙板破坏。拨开石膏墙板上部的外层玻璃纤维，发现中间孔内的混凝土被压碎，而未直接受局部荷载作用的孔内混凝土和墙板肋没有明显的破坏。破坏形态如图 7-10 所示。

试件在中间肋处局部受压，试验过程中首先在中间肋处垫块下面出现竖向裂缝和斜裂缝，随荷载增加裂缝加宽并向下延伸，继而延伸到整块板面，最终因垫块下的纤维石膏墙板面被拉坏，整个墙板破坏。拨开石膏墙板上部的外层玻璃纤维，发现被压肋两侧的混凝土被压碎，而未直接受局部荷载作用的孔内混凝土和墙板肋没有明显的破坏。破坏形态如图 7-11～图 7-13 所示。

图 7-10　中间灌孔处局部受压板面裂缝

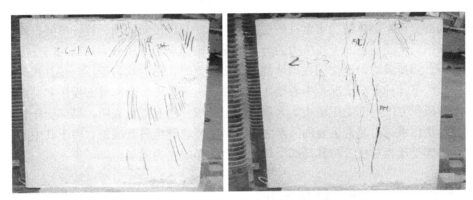

图 7-11　中间肋处局部受压板面裂缝 1

图 7-12　中间肋处局部受压板面裂缝 2

以上说明灌芯纤维石膏墙板在局部受压作用下，由于其中间肋的束缚作用，局部受压位置对墙板破坏形态及承载能力的影响较大。

图 7-13　中间肋处局部受压肋两侧混凝土破坏状态

7.4.2　灌芯纤维石膏墙板局部抗压强度的主要影响因素

砌体局部受压是砌体结构中常见的受力状态，如基础顶面的墙、柱支撑处，均产生局部受压。根据局部受压截面上压应力的分布情况，砌体局部受压分为局部均匀受压和局部不均匀受压。当荷载均匀地作用在砌体的局部面积上时，称为均匀受压。按其相对位置不同又可分为以下几种受荷情况：中心受压、中部或边缘受压、角部局部受压和端部局部受压等。本章所研究的局部受压墙板均为局部均匀受压。已有资料表明，局部受压相对位置是影响局部受压承载力非常重要的因素之一。对于灌芯纤维石膏墙板，由于其中间肋的束缚作用，局部受压相对位置对其局部受压承载力的影响更为明显。

7.5　局部受压承载力计算分析

7.5.1　局部均匀受压时承载力计算

局部均匀受压是局部受压的最基本情况，人们根据经验和试验知道，砌体在局部受压情况下的强度大于砌体本身的抗压强度，这种现象一般可以用所谓"套箍作用"和"应力扩散作用"来加以解释。即，在局部压力作用时，周围未直接承受压力的部分像套箍一样阻止其横向变形，使其处于三向受压应力状态，因而强度得到提高。另外，直接位于支撑面（接触面）下的砌体虽属局部受压，但支撑面与砌体之间产生与局部受压砌体横向变形方向相反的摩擦力，对砌体的横向变形产生了有效的约束，使这部分强度被大大地提高。因此，破坏发生在构件内，而不是局部接触面上，也就是说，由于砌块的搭接，应力扩散到未直接受荷的其他面积内，使砌块出现裂缝的应力，不是垫块下的局部应力，而是经过扩散后的比局部应力更小的应力。

我国现行国家标准《砌体结构设计规范》GB 50003 中砌体局部抗压强度计算公式：

$$N \leqslant \gamma A_l f \tag{7-1}$$

γ 计算公式如下：

$$\gamma = 1 + \xi \sqrt{\frac{A_0}{A_l} - 1} \tag{7-2}$$

式中 N——砌体的局压极限荷载（kN）；

    A_l——砌体的局部受压面积（mm^2）；

    A_0——影响砌体局部抗压强度的计算面积（mm^2）；

    f——砌体的抗压强度设计值（N/mm^2）；

    γ——砌体局部抗压强度提高系数；

    ξ——与局部受压砌体所处位置有关的系数，$\xi=0.35$。

式（7-2）是根据大量试验资料，通过统计和回归分析提出的。式（7-2）对黏土砖（标准砖）砌体、空心砖砌体的不同局压形态采用了相同的 $\xi=0.35$ 的计算系数，实际上不同局压形态，局压强度提高程度并不相同。例如现行国家标准《砌体结构设计规范》GB 50003 依据的试验统计中，一般墙段边缘局部受压时 $\xi=0.378$，中心局部受压时 $\xi=0.708$。对于灌芯纤维石膏墙板，自身的孔洞不仅削弱了非局部受压砌体对局部受压砌体的套箍作用的有效性，而且也不利于墙板内部力的扩散，这对于墙板局部受压抗压强度的影响都是不可忽略的。因此，我们要重点分析系数 ξ 的取值问题。

7.5.2 灌芯墙板局部均匀受压分析

本试验中，所有局部受压墙板均为局部均匀受压。对于纤维石膏墙板局部受压承载力的计算参照砌体局部抗压承载力计算公式，即式（7-1）和式（7-2）。得出灌芯纤维石膏墙板的局部受压承载力计算公式如下：

$$N_u = \gamma A_l f_c \qquad (7-3)$$

式中 N_u——灌芯纤维石膏墙板的局部受压极限荷载（kN）；

    A_l——灌芯纤维石膏墙板的局部受压面积（mm^2）；

    f_c——灌芯墙板中灌孔内混凝土的抗压强度设计值（N/mm^2）；

    γ——灌芯墙板局部抗压强度提高系数。

γ 计算公式如下：

$$\gamma = 1 + \xi\sqrt{\frac{A_0}{A_l} - 1} \qquad (7-4)$$

式中 A_0——影响灌芯墙板局部受压的计算面积（mm^2）；

    ξ——与墙板局部受压所处位置有关的系数。

从试验结果看出，局压强度提高系数 γ 与 A_0/A_l 存在密切的关系，因此以 A_0/A_l 为参数来计算墙板局部抗压强度提高系数 γ。在本章分析中，首先要分析影响灌芯墙板局部受压的计算面积 A_0 及与墙板局部受压位置有关的系数 ξ，然后得出石膏墙板的局压强度提高系数 γ。

将试验中墙板破坏时的极限荷载 N_u 代入式（7-3），可以得到破坏时 γ 的试验值。由于纤维石膏墙板的抗压强度相对较低，计算时忽略纤维石膏墙板的抗压能力，在计算局部受压面积时仅考虑灌芯混凝土的面积。计算结果列于表 7-4。

墙板局部受压试验结果及其强度提高系数 γ 表 7-4

试件编号	局部受压位置	混凝土抗压强度(N/mm²)	局部受压面积 A_l(mm²)	试验中极限荷载(kN)	$\gamma = \dfrac{N_u}{f_c A_l}$
Z-A	端部	11.31	9400	135	1.270
Z-B	中间灌孔处	11.31	11280	193	1.513
Z-C	中间肋处	11.31	9400	186	1.750

由于纤维石膏墙板内的肋在受压过程中对芯柱内的混凝土有一定的约束作用，而且不同的局部受压位置，肋对其两侧混凝土的约束作用也不同。通过对各组试件的承载力及破坏形态分析，可以得出局部受压墙板在不同局部受压位置时力的扩散情况及肋的约束情况：

（1）端部局部受压：灌孔内混凝土只有力的扩散，没有肋的约束作用；

（2）中间灌孔处局部受压：灌孔内混凝土既有力的扩散，又有肋的约束作用；

（3）中间肋处局部受压：灌孔内混凝土有力的扩散和肋的部分约束作用。

本章综合考虑了现行国家标准《砌体结构设计规范》GB 50003 及《混凝土结构设计规范》GB 50010，并结合试验中局部受压墙板的破坏形态，最后确定影响纤维石膏墙板局部抗压强度的计算面积 A_0，如图 7-14～图 7-16 所示。

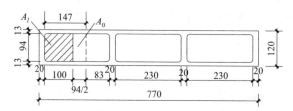

图 7-14　端部局部受压时影响局部抗压强度的面积 A_0

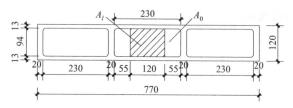

图 7-15　中间灌孔处局部受压时影响局部抗压强度的面积 A_0

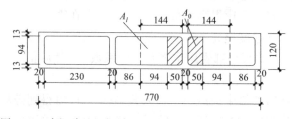

图 7-16　中间肋处局部受压时影响局部抗压强度的面积 A_0

表 7-5 为灌芯纤维石膏墙板局部受压时的试验结果及分析。图 7-17 为经过分析得出

的局部抗压强度提高系数 γ 与 A_0/A_l 的关系。

灌芯纤维石膏墙板局部受压试验结果　　　　　　　表 7-5

编号	局部受压位置	f_c(N/mm^2)	A_l(mm^2)	A_0(mm^2)	$\sqrt{\dfrac{A_0}{A_l}}-1$	N_u(kN)	γ	ξ
Z-A-1		11.31	9400	13818	0.686	125	1.176	0.257
Z-A-2	端部	11.31	9400	13818	0.686	135	1.270	0.394
Z-A-3		11.31	9400	13818	0.686	145	1.364	0.531
Z-B-1		11.31	11280	21620	0.957	170	1.333	0.347
Z-B-2	中间灌芯孔处	11.31	11280	21620	0.957	190	1.489	0.511
Z-B-3		11.31	11280	21620	0.957	220	1.724	0.757
Z-C-1		11.31	9400	27072	1.371	178	1.674	0.492
Z-C-2	中间肋处	11.31	9400	27072	1.371	195	1.834	0.608
Z-C-3		11.31	9400	27072	1.371	185	1.740	0.540

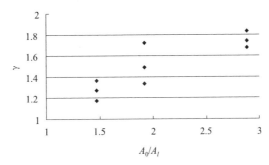

图 7-17　局部抗压强度提高系数 γ 与 A_0/A_l 的关系

由表 7-5 及图 7-17，经过回归分析，得出 $\xi=0.542$，进而得出局部抗压强度提高系数 γ 的计算公式：

$$\gamma=1+0.542\sqrt{\frac{A_0}{A_l}-1} \qquad (7\text{-}5)$$

式中　A_0——影响墙板局部抗压强度的计算面积（mm^2）；

　　　A_l——局部受压面积（mm^2）；

表 7-6 列出了按式（7-5）计算的结果与试验结果的对比。

局部抗压强度提高系数计算结果与试验结果的对比　　　　　表 7-6

试件编号	局压位置	γ 计算值	γ 试验值
Z-A	端部	1.372	1.270
Z-B	中间灌孔	1.519	1.513
Z-C	中间肋	1.743	1.750

由表 7-6 知，按式（7-5）计算的结果与试验结果很接近。因此，文中所确定的影响局部抗压强度的计算面积 A_0 与实际比较接近。

7.5.3 混凝土梁下设垫梁承受局部压力

混凝土梁直接作用于灌芯纤维石膏墙板上时，由于板肋的影响，压力的扩散受到限制，且由于灌芯混凝土强度较低，因而灌芯纤维石膏墙板局压承载力提高有限，梁下灌芯纤维石膏墙板受局部压力的作用容易产生裂缝。当混凝土梁端荷载较小时，可利用式(7-3)、式(7-5)计算复核灌芯纤维石膏墙板局部受压承载力。否则，混凝土梁下应设置垫梁。有关垫梁的规定及垫梁下灌芯纤维石膏墙板局部受压承载力可参照现行国家标准《砌体结构设计规范》GB 50003 的相关规定计算。

7.6 结论

（1）局部受压灌芯纤维石膏墙板随着局部受压位置的不同，墙板表现出不同的破坏形态。板端部局部受压时，靠近局部受压处的端部肋首先产生裂缝，中间灌芯孔处、中间肋处局部受压时，垫块所在位置的面板首先产生裂缝。三种局部受压情况均为临近垫块的灌芯孔内混凝土破坏，而未直接受局部荷载作用的孔内混凝土和墙板肋没有明显的破坏。

（2）根据试验结果确定了局部受压位置不同时影响灌芯纤维石膏墙板局部受压的计算面积的取值方法以及灌芯纤维石膏墙板的局部受压承载力。

（3）混凝土梁直接作用于灌芯纤维石膏墙板上时，灌芯纤维石膏墙板局部受压承载力不高，除混凝土梁端荷载较小外，混凝土梁下应设置垫梁。

8 灌芯纤维石膏墙板兼作过梁时的受力性能试验研究

灌芯纤维石膏墙板房屋墙板门窗洞口上方需要设置过梁。本章主要研究灌芯纤维石膏墙板兼作过梁时的各种不同设置方式及其受力性能。

8.1 承载力试验

8.1.1 试件设计制作

结合实际应用情况，我们共考虑了三种过梁设置方式，第一种：不对灌芯纤维石膏墙板做任何处理，墙板兼过梁。第二种：将灌芯纤维石膏墙板下部 100mm 高的板肋剔除，洞口下部配置 2Φ12，墙板下部形成 100mm 高的混凝土连续带，LY-1 和 LY-2 剖面如图 8-1 所示。第三种：将灌芯纤维石膏墙板上下部各 100mm 高板肋剔除，墙板上部配置 2Φ10，下部布置 2Φ12，每个孔内设置一道箍筋，箍筋Φ6@250，墙板上部和下部各形成 100mm 高的混凝土连续带，LSY-1 和 LSY-2 剖面如图 8-2 所示。每种形式制作了 2 个试件，共 6 个试件，试件设计参数见表 8-1。灌孔和混凝土连续带的混凝土强度等级均为 C20。

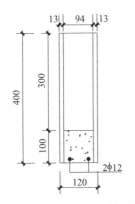

图 8-1　LY-1 和 LY-2 剖面图

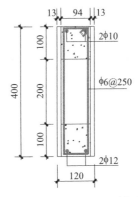

图 8-2　LSY-1 和 LSY-2 剖面图

试件设计

表 8-1

组别	试件编号	试件尺寸(长×宽×高,mm)	原设计混凝土强度等级(灌芯)	备注
第一组	WL-1	2520×120×400	C20	灌孔,未配筋梁
	WL-2			
第二组	LY-1	2520×120×400	C20	灌孔,仅梁底配筋
	LY-2			
第三组	LSY-1	2520×120×400	C20	灌孔,梁顶和梁底均配筋
	LSY-2			

8.1.2 加载试验方案

试验采用三分点加载,如图 8-3 和图 8-4 所示,施加两个集中荷载,试验时分级加载。

图 8-3 试验现场加载装置

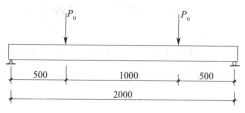

图 8-4 加载示意图

所有灌芯过梁(不配筋、仅下部配纵筋、上下全配纵筋并配有箍筋)采用液压千斤顶进行加载,分级加载,应变片和百分表布置如图 8-5 所示。每加一级荷载,记录一次应变和百分表的读数,并记下初裂荷载和破坏荷载值。

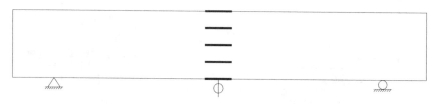

图 8-5 应变片和百分表布置图

8.2　试验结果

8.2.1　材料力学性能

过梁中纵筋、箍筋的力学性能试验结果见表 8-2。

纵筋、箍筋的力学性能试验结果　　　　　　　　　　　　　　表 8-2

钢筋	屈服强度(N/mm²)	极限强度(N/mm²)	弹性模量(×10⁵N/mm²)
Φ12	364.72	541.556	2.1
Φ6	374.65	562.53	2.1

过梁所用混凝土实测立方体抗压强度为 $f_{cu}=8.54\text{N/mm}^2$。

8.2.2　破坏形态

本试验的第一组梁，即不配筋梁。在荷载作用下，梁底接近集中力作用位置首先出现竖向裂缝，随着荷载的增加，又有新裂缝出现，第一条裂缝向上迅速发展并加宽，听到"啪啪"的纤维被拉断和拔出声音。最终试验梁断裂破坏，个别芯柱脱落，荷载达到极限值，试件为明显的脆性破坏，破坏形态如图 8-6 和图 8-7 所示。试件是由于抗弯承载力不足而引起破坏的。

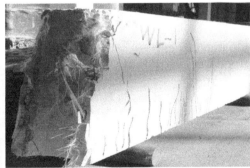

图 8-6　WL-1 的破坏形态

图 8-7　WL-2 的破坏形态

本试验的第二组梁，即仅下部配纵筋的试验梁。在荷载作用下，梁的腹部开始出现斜向裂缝，并迅速向上和向下发展，然后在梁底跨中出现细微的竖向裂缝，但发展缓慢，斜向裂缝数量较少，荷载继续增加，斜裂缝迅速向上发展，剪压区的石膏墙板和混凝土均被压碎，但梁纵筋未屈服。最终破坏形态与钢筋混凝土梁抗剪承载力不足而最终破坏相类似。破坏形态如图 8-8 所示。

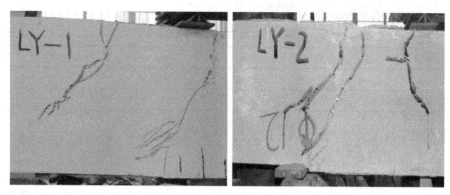

图 8-8　LY-1 和 LY-2 的破坏形态

本试验的第三组梁，即上下全配纵筋并配有箍筋的试验梁。在荷载作用下，首先在梁底跨中底部位置出现竖向裂缝，随着荷载增加，开始出现斜裂缝，竖向裂缝和斜裂缝迅速增多并延伸，裂缝继续发展，最终，受拉区受拉钢筋屈服，在受压区，石膏壁板和混凝土被压碎，构件发生破坏，破坏形态类似于钢筋混凝土梁正截面适筋破坏，破坏形态如图 8-9、图 8-10 所示。过梁承载力试验结果见表 8-3。

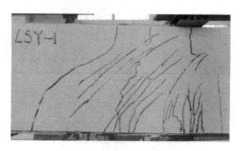

图 8-9　LSY-1 的破坏形态

图 8-10　LSY-2 的破坏形态

过梁承载力试验结果 表 8-3

试验梁编号	初裂荷载 P_{cr}(kN)	破坏荷载 P_u(kN)	跨中挠度 f(mm)
WL-1	2.95	4.7	5.53
WL-2	3.10	6.6	3.87
LY-1	14.40	35.2	3.67
LY-2	23.50	37.6	5.24
LSY-1	21.50	68.0	4.93
LSY-2	15.70	78.5	6.00

8.3 试验结果分析与计算

8.3.1 不配筋灌芯过梁

不配钢筋的过梁试件 WL-1 和 WL-2，当外荷载增加到 60% 左右极限荷载时，WL-1 和 WL-2 在跨中靠近加载点的梁底中部出现第一条竖向裂缝，且裂缝一出现就延伸很快，但裂缝宽度并不大。当外荷载继续增加时，在梁跨中部位开始出现多条细微垂直裂缝，且自下而上延伸。外荷载临近极限荷载时，最早出现的裂缝向上延伸并加宽，很快试件突然破坏并伴有较大声响，第一条裂缝处灌芯混凝土柱与石膏外板分离，小柱较完整且有脱离构件的趋势，说明混凝土芯柱基本上没有承担荷载，几乎全部由石膏墙板来承担。最终破坏形态如图 8-6、图 8-7 所示，从破坏形态不难看出试验梁为正截面受弯破坏。

试验表明不配筋试验梁承载力很低，且破坏形态为脆性破坏，一般不适宜作为过梁使用。因此，在今后实际应用中，如墙板上开有洞口应进行处理。

8.3.2 仅下部配纵筋的灌芯过梁

仅下部配纵筋的过梁试件 LY-1 与 LY-2 的最终破坏形态与无腹筋混凝土梁的剪切破坏相类似。可参照无腹筋混凝土梁的抗剪强度计算方法进行计算。在集中力作用下的无腹筋独立混凝土梁，抗剪承载力可按式 (8-1) 进行计算：

$$V_u = \frac{1.75}{\lambda + 1} f_t b h_0 \qquad (8\text{-}1)$$

式中　V_u——梁的抗剪承载力（N）；

　　　λ——梁的剪跨比，$\lambda = \dfrac{a}{h_0}$，a 为计算截面至支座截面或节点边缘的距离；λ 的取值范围为 1.5～3；

　　　h_0——梁的有效高度（mm）；

　　　b——梁的截面宽度；不考虑纤维石膏墙板的作用，取灌芯混凝土厚度 94mm；

　　　f_t——混凝土抗拉强度（N/mm^2）。

试验过梁的剪跨比计算值为 1.4，按现行国家标准《混凝土结构设计规范》GB 50010 取 λ 为 1.5，代入式 (8-1) 可以计算出抗剪承载力为 26.18kN，由表 8-3 过梁的承载力试验结果可知：试验梁 LY-1 与 LY-2 的竖向承载力分别为 35.2kN 和 37.6kN，通过对其承载力与试验数据比较，不难发现：试验梁的承载力要大于同等情况下无腹筋混凝土梁的抗剪承载力。在设计计算中，用钢筋混凝土受弯构件的抗剪公式对这类过梁的抗剪承载力进行计算是可行的，计算时梁的截面宽度不考虑纤维石膏墙板肋的作用。

但是试验过梁 LY-1 与 LY-2 的纵筋并未屈服，材料强度没有充分发挥，况且过梁的承载力也不是很高，因此，在实际工程中，建议尽量不使用这种过梁。

8.3.3 上下全配纵筋并配有箍筋的试验梁

由试验结果可知，随着荷载的增加，梁底接近跨中位置首先出现竖向裂缝，接着在集中力作用处开始出现第二批斜裂缝，荷载继续增加，竖向裂缝迅速增多并延伸，裂缝的宽度也随之增加，最终，在纯弯曲段，由于钢筋屈服，压区石膏壁板压屈向外凸出，混凝土被压碎，试件发生破坏。

1. 抗弯承载力分析

由于本组试验过梁 LSY-1 与 LSY-2 的破坏形态与钢筋混凝土受弯构件适筋梁整截面破坏形态相类似，因此可借鉴钢筋混凝土受弯构件的正截面强度计算公式进行分析计算，按现行国家标准《混凝土结构设计规范》GB 50010 的有关公式计算，计算简图如图 8-11 所示。

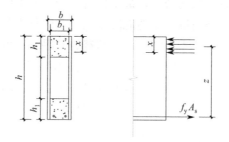

图 8-11　正截面受弯计算简图

（1）当中和轴在上部混凝土连续带内，即 $x \leqslant h_1$；
由力的平衡条件，可得：

$$\alpha_1 f_c b_1 x + f(b-b_1)x = f_y A_s \tag{8-2}$$

由力矩平衡条件，可得：

$$M_u = f_y A_s \left(h_0 - \frac{x}{2} \right) \tag{8-3}$$

式中　α_1——等效矩形应力图形系数；

　　f_c——混凝土抗压强度（N/mm²）；

　　A_s——受拉钢筋面积（mm²）；

b、b_1——梁整个截面宽度、混凝土截面宽度（mm）；

　　f_y——钢筋的抗拉强度（N/mm²）；

　　f——石膏墙板的抗压强度（N/mm²），由试验得到 $f = 4.59$N/mm²；

　　h_1——墙板上部和下部板肋剔除并浇筑混凝土的高度（mm）；

h_0——梁的有效高度（mm）。

由式(8-2)可求出受压区高度x，然后代入式(8-3)即可求出梁截面的极限弯矩值。

$$M_u = f_y A_s \left(h_0 - \frac{f_y A_s}{2[\alpha_1 f_c b_1 + f(b - b_1)]} \right) \tag{8-4}$$

（2）当中和轴超过上部混凝土连续带，即$x > h_1$

由力的平衡条件，可得：

$$\alpha_1 f_c b_1 h_1 + f(xb - b_1 h_1) = f_y A_s \tag{8-5}$$

由力矩平衡条件，可得：

$$M_u = f_y A_s \left(h_0 - \frac{x}{2} \right) \tag{8-6}$$

同理，可求出梁截面的极限承载弯矩值：

$$M_u = f_y A_s \left(h_0 - \frac{f_y A_s + f b_1 h_1 - \alpha_1 f_c b_1 h_1}{2fb} \right) \tag{8-7}$$

把试验数据代入式(8-2)计算出试件的受压区高度为113.53mm，大于试验梁的剔除高度100mm，应按式(8-5)求受压区高度，将有关数据代入求得$x = 118$mm，代入式(8-6)求得抗弯承载力，见表8-4。

抗弯承载力理论值与试验值 表8-4

梁编号	试验破坏荷载 P_u(kN)	试验值 $M_u = P_u \times 0.5$(kN·m)	理论值 M_u(kN·m)	理论破坏荷载 P_u(kN)
LSY-1	68	34.0	25.24	50.48
LSY-2	78.5	39.3	25.24	50.48

从表8-4按规范理论计算值与实测值对比，不难看出用规范理论计算值远小于实测值，分析原因为：理论计算时未考虑压区纵向钢筋的作用，且未考虑拉区纤维石膏墙板的抗拉强度。在以后的抗弯计算中完全可以利用规范理论进行计算，计算结果也是偏安全的。

建议在今后的实际工程中采用上下全配纵筋并配有箍筋的试验梁作为过梁使用。从设计和施工角度来说均比较合理。

2. 抗剪承载力分析

上下全配纵筋并配有箍筋的试验梁发生延性的抗弯破坏早于脆性的剪切破坏，满足设计要求。试验梁的抗剪承载力可根据现行国家标准《混凝土结构设计规范》GB 50010中集中力作用下的有腹筋独立混凝土梁按式(8-8)进行计算：

$$V_u = \frac{1.75}{\lambda + 1} f_t b h_0 + f_{yv} \frac{A_{sv}}{s} h_0 \tag{8-8}$$

梁的截面宽度b取灌芯混凝土厚度94mm，不考虑纤维石膏墙板的作用，试验梁箍筋$\Phi6@250$，代入式(8-8)，试验梁的抗剪承载力：

$$V_u = \frac{1.75}{1.5 + 1} \times 1.09 \times 94 \times 365 + 374.65 \times \frac{56.6}{250} \times 365 = 56.18 \text{kN}$$

试验梁抗剪承载力理论计算的试验梁破坏荷载$P = V_u = 56.18$kN，大于抗弯承载力理论计算的破坏荷载 50.48kN（表 8-4），小于试验值。采用式(8-8)进行上下全配纵筋并配有箍筋的试验过梁的抗剪承载力可行。

3. 过梁变形分析

由于未配筋过梁试件 WL-1 与 WL-2 的破坏可认为是脆性破坏，而试件 LY-1 和 LY-2 最后破坏也类似脆性破坏，临近破坏的跨中挠度没有准确记下，且前两组梁我们不推荐使用，因此按现行国家标准《混凝土结构设计规范》GB 50010 计算钢筋混凝土梁的挠度变形与第三组试验过梁 LSY-1 与 LSY-2 的试验值进行比较。首先把纤维石膏墙板的截面面积转化为混凝土截面面积，然后取与其截面尺寸、配筋和混凝土强度均相同的混凝土梁进行计算。

由《材料力学》知，二点对称集中力加载梁的跨中挠度为：

$$f_{max} = \frac{3pl^3}{128B_s} \tag{8-9}$$

式(8-9)中短期刚度 B_s 按现行国家标准《混凝土结构设计规范》GB 50010 进行计算：

$$B_s = \frac{E_s A_s h_0^2}{1.15\psi + 0.2 + 6\alpha_E \rho} \tag{8-10}$$

其中：$\alpha_E = \frac{E_s}{E_c}$，$\rho = \frac{A_s}{bh_0}$，受拉钢筋应变不均匀系数 ψ 按下式计算：

$$\psi = 1.1 - \frac{0.65 f_{tk}}{\rho_{te} \sigma_{ss}} \tag{8-11}$$

其中：$\rho_{te} = \frac{A_s}{0.5bh}$，$\sigma_{ss} = \frac{M_s}{0.87h_0 A_s}$

使用状态荷载短期效应组合弯矩值 M_s，根据现行国家标准《混凝土结构试验方法标准》GB/T 50152，M_u 为荷载力试验值，取出现裂缝后的下一级荷载所对应的弯矩值。

过梁相关计算值及实测试验值比较，见表 8-5。

<table>
<tr><td colspan="6" align="center">**过梁相关计算值及实测试验值比较**</td><td>表 8-5</td></tr>
</table>

试验梁编号	钢筋 A_s(mm²)	内力标准值 M_s(kN·m)	短期刚度 B_s	计算挠度 f_c(mm)	实测挠度 f(mm)
LSY-1	226	11.33	7.0×10^{12}	1.21	1.52
LSY-2	226	8.02	4.22×10^{12}	1.52	1.59

从表 8-5 可以看出，混凝土梁挠度计算值与试验梁实测值很接近。

8.4　结论

（1）灌芯纤维石膏墙板上开门窗洞口时，墙板兼作过梁，如不采取任何措施，混凝土芯柱不起作用，构件承载力相当低，且为明显脆性破坏。

（2）灌芯纤维石膏墙板兼作过梁，仅在梁底部配纵向受拉钢筋时，构件将发生类似无腹筋混凝土梁的剪切破坏，其抗剪承载力可按一般的混凝土受弯构件计算，截面宽度取芯柱混凝土厚度，但抗剪承载力较低，且纵筋未屈服，不推荐采用。

（3）灌芯纤维石膏墙板兼作过梁时推荐采用上下全配纵筋并配置箍筋的方式。其破坏形式类似于混凝土受弯构件的正截面破坏，其抗弯承载力可按钢筋混凝土受弯构件计算，且考虑受压区纤维石膏墙板的受压。过梁的抗剪承载力可参照配有腹筋的钢筋混凝土受弯构件计算，计算时不考虑纤维石膏墙板的作用。此种过梁的变形可参照钢筋混凝土受弯构件挠度变形公式进行计算。

9 灌芯纤维石膏墙板房屋结构体系规定及要求

通过对纤维石膏空心大板物理力学性能、灌芯纤维石膏墙板受力性能、配筋墙体构件受力性能进行试验研究，取得了该墙体结构承载力计算公式及重要技术参数。为促进灌芯纤维石膏墙板房屋结构在建筑中的合理应用，参考了国外先进技术法规、技术标准，结合试验结果及参考我国现行国家标准《砌体结构设计规范》GB 50003，制定了中华人民共和国行业标准《纤维石膏空心大板复合墙体结构技术规程》JGJ 217—2010。为和前几章表述统一，用"灌芯纤维石膏墙板"代替技术规程中的"纤维石膏空心大板复合墙体"，并依据现行国家标准《混凝土结构设计规范》GB 50010 及《砌体结构设计规范》GB 50003 对原 JGJ 217 中的部分内容进行了修订。本章所讲述的内容适用于抗震设防烈度不大于 8 度、设计基本地震加速度不大于 0.2g 的地区采用灌芯纤维石膏墙板的多层居住建筑和公共建筑的设计、施工及验收。当应用于乙类公共建筑时应采取加强措施。

9.1 材料

9.1.1 纤维石膏空心大板

（1）墙板的标准尺寸应为 12000mm×3000mm×120mm。

（2）墙板主要力学性能、物理性能指标应符合表 9-1 的规定。

墙板主要力学性能、物理性能指标　　　　　　　　　表 9-1

项目		单位	性能指标
力学性能	抗压强度	MPa	≥1
	抗折破坏载荷(单孔)	kN	>4
	24h 单点吊挂力	N	≥800
	抗弯破坏载荷	—	≥1 倍板重
	抗冲击性	次	≥3

续表

项目		单位	性能指标
物理 性能	面密度(干燥状态)	kg/m²	40±4
	传热系数	W/(m²·K)	2.0
	隔声量	dB	>30
	质量吸水率	—	≤10%
	干燥收缩值	mm/m	≤0.25
	软化系数	—	≥0.6

（3）40mm×40mm×40mm 的石膏试块抗压强度不应小于 12MPa，40mm×40mm×160mm 石膏试块抗折强度不应小于 5MPa。

（4）玻璃纤维应采用 E 级玻璃纤维。

（5）灌芯纤维石膏空心大板的隔声性能不应小于 45dB。

（6）纤维石膏空心大板应采用混凝土填充，灌芯后其面密度应大于 265kg/m²，其热阻值不应小于 0.162m²·K/W，传热系数不应大于 3.205W/（m²·K）。

9.1.2　混凝土及钢筋

（1）纤维石膏空心大板的全部空腔内细石混凝土的浇筑应采用切实有效的密实成型措施，不得存在对混凝土强度有影响的缺陷，混凝土强度等级不应小于 C20。

（2）灌芯纤维石膏墙板结构宜采用 HPB300、HRB335、HRB400、RRB400 及 HRB500 钢筋。

（3）混凝土和钢筋的设计强度应按现行国家标准《混凝土结构设计规范》GB 50010 取值。

9.2　基本设计规定

9.2.1　一般规定

（1）灌芯纤维石膏墙板房屋的结构设计应符合抗震设计要求。建筑物体型宜简洁，建筑的平面和立面设计宜规则，墙体布置宜均匀对称。当房屋的平面不规则时，应考虑建筑自身扭转的影响。建筑物不宜有错层，不应设置拐角窗。

（2）灌芯纤维石膏墙板房屋结构应应用于室外地面以上部分。

（3）灌芯纤维石膏墙板房屋结构宜采用混凝土叠合板或现浇混凝土楼板。

（4）灌芯纤维石膏墙板房屋结构用于潮湿、有水环境（如厨房、卫生间、外墙等）时，应采取防水措施。

（5）灌芯纤维石膏墙板房屋结构底部加强部位宜取基础以上至首层顶，当地下室超过一层时，可取地下一层和首层。

（6）采用灌芯纤维石膏墙板的房屋或建筑物的结构布置应符合下列规定：

1）抗侧力结构平面布置宜使纵横向均符合规则、对称要求；

2）多层建筑应符合现行国家标准《建筑抗震规范》GB 50011 有关规定；

3）楼梯间不宜设置在房屋的尽端和转角处；

4）烟道、风道或其他设备装置不应削弱墙体截面。

9.2.2 结构布置

（1）灌芯纤维石膏墙板房屋结构层高不应超过 3.3m，建筑最多层数和建筑总高度应符合表 9-2 的规定。

建筑最多层数和建筑总高度 表 9-2

抗震设防烈度	最多层数	建筑总高度（m）
6	7	24
7	6	21
8	5	18

注：建筑总高度是指建筑物室外地面到其檐口或屋面面层的高度，半地下室从地下室室内地面算起。全地下室和嵌固条件好的半地下室应从室外地面算起，对带阁楼的屋面应算到山墙的 1/2 高度处。

说明：灌芯纤维石膏墙板房屋结构的抗震性能，在我国尚未积累实际经验，宜从严要求。灌芯纤维石膏墙板房屋结构的层高和总高度的限制，是结合墙板结构自身的特性，依据试验数据计算分析，并参照现行国家标准《建筑抗震设计规范》GB 50011 的规定确定的。

（2）灌芯纤维石膏墙板房屋结构的墙体布置应符合表 9-3 的规定。

墙体平面布置要求 表 9-3

抗震设防烈度	横墙布置沿房屋全长度贯通的最小百分比	横墙最大间距（m）	纵墙布置
6	40%	9	沿房屋全长度贯通的纵墙不应少于两道
7	50%	9	
8	60%	7	

（3）灌芯纤维石膏墙板房屋结构的建筑总高度与总宽度比值不宜大于 2.5。

（4）灌芯纤维石膏墙板房屋结构中墙段的局部尺寸限值宜符合现行国家标准《建筑抗震设计规范》GB 50011 有关规定。

（5）当灌芯纤维石膏墙板用作女儿墙时，顶部应设现浇混凝土压顶。

（6）灌芯纤维石膏墙板房屋结构伸缩缝的最大间距宜符合现行国家标准《混凝土结构设计规范》GB 50010 剪力墙伸缩缝的有关规定。

9.2.3 荷载与地震作用

（1）灌芯纤维石膏墙板房屋结构建筑荷载取值及荷载组合应按现行国家标准《建筑结构荷载规范》GB 50009 和《建筑抗震设计规范》GB 50011 的规定进行。

（2）灌芯纤维石膏墙板房屋结构应在建筑结构的两个主轴方向分别考虑水平地震作用并进行抗震承载力验算；各方向的水平地震作用应全部由该方向抗侧力构件承担。

（3）灌芯纤维石膏墙板房屋结构的抗震计算可采用底部剪力法。各楼层可仅考虑一个自由度，水平地震作用标准值应按下列公式确定：

$$F_{Ek} = \alpha_1 G_{eq} \tag{9-1}$$

$$F_i = \frac{G_i H_i}{\sum\limits_{j=1}^{n} G_j H_j} F_{Ek} \quad (i=1,2,\cdots,n) \tag{9-2}$$

式中　F_{Ek}——结构总水平地震作用标准值（kN）；

　　　α_1——相应于结构基本自振周期的水平地震影响系数值，可取 $\alpha_1 = \alpha_{max}$；

　　　G_{eq}——结构等效总重力荷载（kN），单质点应取总重力荷载代表值，多质点可取总重力荷载代表值的 85%；

　　　F_i——质点 i 的水平地震作用标准值（kN）；

　G_i，G_j——集中于质点 i、j 的重力荷载代表值（kN）；

　H_i，H_j——质点 i、j 的计算高度（m）；

　　　说明：灌芯纤维石膏墙板结构仅限制在 7 层及以下，是以剪力变形为主，且质量和刚度沿高度分布比较均匀，因此可采用底部剪力简化方法。除特殊规定外，其地震作用计算和抗震验算应采用现行国家标准《建筑抗震设计规范》GB 50011 规定的底部剪力法。

　　（4）采用底部剪力法时，凸出屋面的屋顶间、女儿墙、烟囱等的地震作用效应，应乘以增大系数 3，此增大部分不应往下传递，但与该凸出部分相连的构件应予计入。

9.3　结构设计

9.3.1　一般规定

　　（1）灌芯纤维石膏墙板房屋结构应按承载能力极限状态设计，并应满足正常使用极限状态的要求。

　　（2）结构及结构构件的承载力应满足下列公式要求：

非抗震设计

$$\gamma_0 S \leqslant R \tag{9-3}$$

$$R = R(f, \alpha_k, \cdots) \tag{9-4}$$

抗震设计

$$S \leqslant \frac{R}{\gamma_{RE}} \tag{9-5}$$

式中　γ_0——结构的重要性系数；

　　　S——内力组合设计值，按现行国家标准《建筑结构荷载规范》GB 50009 和《建筑抗震设计规范》GB 50011 的规定进行计算；

　　　R——结构构件的承载力设计值；

　　　γ_{RE}——构件承载力抗震调整系数，按表 9-4 采用。

承载力抗震调整系数　　　　　　　　　　　　　　　　表 9-4

受力状态	γ_{RE}
偏压	0.85
受剪	0.90
受扭及局部受压	1.00

（3）在抗水平力作用及整体稳定计算中，灌芯纤维石膏墙板房屋结构墙板计算简图为嵌固于基础上的悬臂结构，在计算中假定楼（屋）盖沿自身平面内为刚性板，并按侧移变形协调计算各墙片内力。

（4）灌芯纤维石膏墙板房屋结构的内力与位移，可按弹性方法计算，并考虑纵横墙的共同工作。在结构的弹性分析时，可按相当于单一混凝土材料计算内力和变形，板的厚度取芯柱的截面宽度。

说明：根据单片墙板和5层1:1模型的试验结果，墙板在弹性阶段的工作性能类似于钢筋混凝土剪力墙，其抗侧刚度与不考虑石膏板作用，按厚度为94mm的混凝土板理论计算值基本相等，因此，在内力和位移计算时，为了计算简单，墙板的刚度可按单一的混凝土板计算。

（5）考虑纵横墙的共同工作时，灌芯纤维石膏墙板房屋结构墙体翼缘的有效宽度可取表9-5所列各项中的最小值。

墙体翼缘有效宽度 b_f 值　　　　　　　　　　　表9-5

项目	截面形式	
	T形或I形	L形或[形
按构件计算高度 H_0 考虑	$H_0/3$	$H_0/6$
按墙体间距 L 考虑	L	$L/2$
按翼缘厚度 t_b 考虑	$h+12t_b$	$h+6t_b$
按翼缘的实际宽度 b_f 考虑	b_f	b_f

注：表中 h 为墙板的厚度。

说明：本条参照现行国家标准《砌体结构设计规范》GB 50003 确定。

（6）灌芯纤维石膏墙板房屋结构在进行静力计算时，墙板的计算高度 H_0，应按下列规定采用。

1）在房屋的底层，应为楼板顶面到构件下端支点的距离。下端支点的位置，可取在基础顶面。当基础埋置较深且有刚性地坪时，可取室内地面下500mm处。

2）在房屋其他楼层，为楼板顶面之间的距离。

说明：墙体的计算高度取值参照现行国家标准《砌体结构设计规范》GB 50003 确定。

（7）在水平荷载作用下，灌芯纤维石膏墙板房屋弹性阶段建筑物层间最大水平位移与层高之比不宜大于1/1000。

说明：由试验得到，墙板在水平荷载下石膏板开裂时的位移约为墙板高度的（1.2~2.0）/1000，但由于实践经验较少，偏于安全起见，规定了层间弹性位移角的限制。

（8）灌芯纤维石膏墙板房屋墙板的高厚比不宜大于28。

说明：当高厚比较大时，墙板将发生失稳破坏，材料得不到充分发挥，因此对墙板的高厚比进行限制。

9.3.2　墙板构件承载力计算

（1）灌芯纤维石膏墙板房屋结构的墙板应进行平面外受压、平面内偏心受压、斜截面抗剪等承载力计算。

（2）灌芯纤维石膏墙板房屋墙板在竖向荷载和水平荷载作用下，在墙的每层高度范围内，应按两端铰支座的竖向杆件计算，墙板平面外的受压承载力应按下列公式计算：

非抗震设计

$$N \leqslant \varphi A f_g \tag{9-6}$$

抗震设计

$$N \leqslant \varphi A f_g / \gamma_{RE} \tag{9-7}$$

式中　N——轴向压力设计值（N）；

　　　A——构件的毛截面面积（mm^2）；

　　　f_g——灌芯纤维石膏墙板抗压强度设计值（N/mm^2），取 $f_g = 0.64 f_c$；

　　　f_c——混凝土轴心抗压强度设计值（N/mm^2）；

　　　φ——高厚比 β 和偏心距 e 对承载力的影响系数，按表 9-6 采用；

　　　e——设计荷载作用下偏心距（mm），e 应满足 $e \leqslant 0.225b$；

　　　γ_{RE}——构件承载力抗震调整系数，按表 9-4 采用。

影响系数 φ 　　　　　　　　　　　　　　　　表 9-6

H_0/h	$\dfrac{e}{h}$									
	0	0.025	0.05	0.075	0.1	0.125	0.15	0.175	0.20	0.225
3	0.99	0.94	0.89	0.84	0.79	0.74	0.69	0.64	0.59	0.54
4	0.99	0.94	0.89	0.84	0.79	0.74	0.69	0.64	0.59	0.54
6	0.98	0.93	0.88	0.83	0.78	0.73	0.68	0.63	0.58	0.53
8	0.96	0.91	0.86	0.81	0.76	0.71	0.66	0.61	0.56	0.51
10	0.93	0.88	0.83	0.78	0.73	0.68	0.63	0.58	0.53	0.48
12	0.89	0.84	0.79	0.74	0.69	0.64	0.59	0.54	0.49	0.44
14	0.85	0.80	0.75	0.70	0.65	0.60	0.55	0.50	0.45	0.40
16	0.81	0.76	0.71	0.66	0.61	0.56	0.51	0.46	0.41	0.36
18	0.75	0.70	0.65	0.60	0.55	0.50	0.45	0.40	0.35	0.30
20	0.70	0.65	0.60	0.55	0.50	0.45	0.40	0.35	0.30	0.25
22	0.65	0.60	0.55	0.50	0.45	0.40	0.35	0.30	0.25	0.20
24	0.60	0.55	0.50	0.45	0.40	0.35	0.30	0.25	0.20	0.15
26	0.55	0.50	0.45	0.40	0.35	0.30	0.25	0.20	0.15	0.10
28	0.50	0.45	0.40	0.35	0.30	0.25	0.20	0.15	0.10	0.05

注：表中 H_0 为构件的计算长度，h 为墙板的厚度。

说明：根据试验，空心纤维石膏墙板的抗压强度平均值为 1.52MPa，均方差为 0.1MPa，抗压强度标准值为 1.36MPa，取材料分项系数 1.6，空心纤维石膏墙板的抗压强度设计值为 0.85MPa。

根据第 2 章试验结果：灌芯纤维石膏墙板的抗压强度 $f_g = f + \alpha \eta f_c$，$f$ 为空心纤维石膏墙板的抗压强度，α 为灌芯率即灌孔混凝土面积和空心纤维石膏墙板毛截面面积的比值，$\alpha=0.72$，η 为灌芯增强系数，根据试验 $\eta=1.13$，因此，$f_g=f+0.81f_c$。由于未灌芯的纤维石膏空心大板抗压强度较低，偏于安全起见，在计算不予考虑，考虑孔内混凝土无法正常养护，孔内混凝土轴心抗压强度大约为留置立方体试块计算的轴心抗压强度的 0.8 倍，所以取 $f_g=0.81\times0.8f_c\approx0.64f_c$。

根据试验结果，受压构件的稳定性系数可按下式计算：

$$\varphi=\varphi_0\left(1.0-\frac{2e}{\varphi_0 h}\right) \tag{9-8}$$

$$\varphi_0=\frac{1}{1+0.00048\beta^2+0.000029\beta^3} \tag{9-9}$$

式(9-8)、式(9-9) 根据无筋灌芯纤维石膏墙板偏压试验得出。配筋灌芯纤维石膏墙板板厚为 120mm，孔洞尺寸 230mm×94mm，孔洞内竖向钢筋配在孔洞中间时，一般只设 1 根或 2 根钢筋，参照现行国家标准《砌体结构设计规范》GB 50003 按无筋灌芯纤维石膏墙板偏压承载力计算公式计算平面外受压承载力。

（3）矩形截面墙板平面内偏心受压承载力计算，应符合下列规定：

1）当截面受压区高度 $x\leqslant\xi_b h_0$ 时，应按大偏心受压计算；当 $x>\xi_b h_0$ 时，应按小偏心受压计算。ξ_b 为界限相对受压区高度，对 HPB300 级钢筋取 ξ_b 等于 0.57，对 HRB335 级钢筋取 ξ_b 等于 0.55，对 HRB400 级钢筋取 ξ_b 等于 0.52；h_0 为截面有效高度即受拉钢筋合力点到受压区边缘的距离。

2）大偏心受压时应满足下列公式要求（图 9-1）：

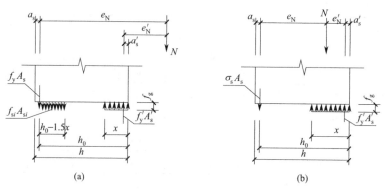

图 9-1　矩形截面偏心受压计算简图

(a) 大偏心受压；(b) 小偏心受压

$$N\leqslant(f_g bx+f'_y A'_s-f_y A_s-\sum f_{si}A_{si})\frac{1}{\gamma_{RE}} \tag{9-10}$$

$$Ne_N\leqslant\left[f_g bx\left(h_0-\frac{x}{2}\right)+f'_y A'_s(h_0-a'_s)-\sum f_{si}S_{si}\right]\frac{1}{\gamma_{RE}} \tag{9-11}$$

式中　N——轴向力设计值（N）；

f_g——灌芯纤维石膏空心大板抗压强度设计值（N/mm²）；

f_y、f'_y——墙板端部受拉、受压钢筋的强度设计值（N/mm²）；

b——截面宽度（mm）；

f_{si}——竖向分布钢筋的抗拉强度设计值（N/mm^2）；

A_s、A_s'——墙板端部受拉、受压钢筋的截面面积（mm^2）；

A_{si}——单根竖向分布钢筋的截面面积（mm^2）；

S_{si}——第 i 根竖向分布钢筋对端部竖向受拉钢筋合力点的面积矩（mm^3）；

a_s'——端部竖向受压钢筋合力点到受压区边缘的距离（mm）；

e_N——轴向力作用点到端部竖向受拉钢筋合力点之间的距离（mm）；

当受压区高度 $x < 2a_s'$ 时，其正截面承载力应满足式(9-12) 要求：

$$Ne_N' \leqslant f_y A_s (h_0 - a_s') \tag{9-12}$$

式中　e_N'——轴向力作用点到端部竖向受压钢筋合力点之间的距离（mm）。

3）小偏心受压时应满足下列公式要求：

$$N \leqslant (f_g bx + f_y' A_s' - \sigma_s A_s) \frac{1}{\gamma_{RE}} \tag{9-13}$$

$$Ne_N \leqslant \left[f_g bx \left(h_0 - \frac{x}{2} \right) + f_y' A_s' (h_0 - a_s') \right] \frac{1}{\gamma_{RE}} \tag{9-14}$$

$$\sigma_s = \frac{f_y}{\xi_b - 0.8} \left(\frac{x}{h_0} - 0.8 \right) \tag{9-15}$$

注：当端部受压钢筋无箍筋或水平钢筋约束时，可不考虑端部竖向受压钢筋的作用，即取 $f_y' A_s' = 0$。

矩形截面对称配筋灌芯纤维石膏墙板小偏心受压时，也可近似按式(9-16) 计算钢筋截面面积：

$$A_s = A_s' = \frac{Ne_N - \xi(1 - 0.5\xi) f_g b h_0^2}{f_y' (h_0 - a_s')} \tag{9-16}$$

此处相对受压区高度可按式(9-17) 计算：

$$\xi = \frac{x}{h_0} = \frac{N - \xi_b f_g b h_0}{\dfrac{Ne_N - 0.43 f_g b h_0^2}{(0.8 - \xi_b)(h_0 - a_s')} + f_g b h_0} + \xi_b \tag{9-17}$$

注：小偏心受压计算中未考虑竖向分布钢筋的作用。

说明：灌芯纤维石膏墙板平面内偏心受压计算参照现行国家标准《砌体结构设计规范》GB 50003 按配筋砌块砌体正截面承载力计算。

（4）灌芯纤维石膏墙板的斜截面抗剪承载力应根据下列情况进行计算：

1）墙板的截面应满足下列公式要求

非抗震设计：

$$V \leqslant 0.25 f_g bh \tag{9-18}$$

抗震设计：

当剪跨比大于 2 时：

$$V \leqslant \frac{1}{\gamma_{RE}} 0.20 f_g bh \tag{9-19}$$

当剪跨比小于或等于 2 时：

$$V \leqslant \frac{1}{\gamma_{RE}} 0.15 f_g bh \tag{9-20}$$

式中 V——墙板的剪力设计值（N）；

b——墙板的截面宽度（mm）；

h——墙板的截面高度（mm）。

2）墙板在偏心受压时的斜截面抗剪承载力和抗震验算应满足下列公式要求：

$$V \leqslant \frac{1}{\gamma_{RE}} \left[(0.05 - 0.02\lambda) f_g bh + 0.12N \frac{A_w}{A} \right] \tag{9-21}$$

$$\lambda = \frac{M}{V h_0} \tag{9-22}$$

式中 M、N、V——计算截面的弯矩、轴力和剪力设计值（N）；当 $N > 0.2 f_g bh$ 时，取 $N = 0.2 f_g bh$；

A——墙板的截面面积（mm^2），其中翼缘的面积按表 9-5 的规定确定；

A_w——T 形或倒 L 形截面腹板的截面面积（mm^2），对矩形截面取 A_w 等于 A；

λ——计算截面的剪跨比，当 λ 小于 0.5 时取 0.5，当 λ 大于 1.5 时取 1.5。

说明：根据第 4 章 9 个无筋灌芯纤维石膏墙板的抗剪试验，试验结果为：

$$V_m \leqslant (0.0535 - 0.0239\lambda) f_{g,m} bh + 0.262N$$

试验值与按上式计算值的平均值为 1.12，变异系数为 0.18，参照现行国家标准《砌体结构设计规范》GB 50003 得到无筋墙板的抗剪强度计算公式(9-21)。对于配筋灌芯纤维石膏墙板，其抗剪强度有所提高但提高的幅度有限，偏于安全，仍可按式(9-21) 计算。

3）墙板在偏心受拉时的斜截面受剪承载力和抗震验算应按下列公式计算：

$$V \leqslant \frac{1}{\gamma_{RE}} \left[(0.05 - 0.02\lambda) f_g bh - 0.22N \frac{A_w}{A} \right] \tag{9-23}$$

4）考虑地震作用时，灌芯纤维石膏墙板结构房屋底部加强部位的截面组合剪力设计值 V_w，应按下列规定调整：

8 度抗震设防时：

$$V_w = 1.4V \tag{9-24}$$

7 度抗震设防时：

$$V_w = 1.2V \tag{9-25}$$

6 度抗震设防时：

$$V_w = 1.0V \tag{9-26}$$

式中 V——考虑地震作用组合的墙板计算截面的剪力设计值（N）；

V_w——考虑地震作用组合的房屋底部加强部位计算截面的剪力设计值（N）。

（5）当混凝土梁直接作用于灌芯纤维石膏墙板上时，除梁端荷载较小外，应在梁下设置钢筋混凝土垫梁，垫梁高度不应小于 200mm，垫梁长度应大于梁宽 500mm，垫梁宽度取 94mm 或同板厚。垫梁内应配置 4Φ12 的纵向钢筋和 Φ6@200 的箍筋；梁下的局部受压可按现行国家标准《砌体结构设计规范》GB 50003 执行。

（6）T 形、倒 L 形截面偏心受压构件，当翼缘和腹板有可靠拉结时，可考虑翼缘的共同工作，翼缘的计算宽度应按表 9-5 中的最小值采用，其正截面受压承载力应按下列规定计算：

1）当受压区高度 $x \leqslant h'_\mathrm{f}$ 时，应按宽度为 b'_f 的矩形截面计算；

2）当受压区高度 $x > h'_\mathrm{f}$ 时，则应考虑腹板的受压作用，应按下列公式计算：

①大偏心受压（图 9-2）

$$N \leqslant \{f_\mathrm{g}[bx+(b'_\mathrm{f}-b)h'_\mathrm{f}]+f'_\mathrm{y}A'_\mathrm{s}-f_\mathrm{y}A_\mathrm{s}-\sum f_{si}A_{si}\}\frac{1}{\gamma_\mathrm{RE}} \tag{9-27}$$

$$Ne_\mathrm{N} \leqslant \left\{f_\mathrm{g}\left[bx\left(h_0-\frac{x}{2}\right)+(b'_\mathrm{f}-b)h'_\mathrm{f}\left(h_0-\frac{h'_\mathrm{f}}{2}\right)\right]+f'_\mathrm{y}A'_\mathrm{s}(h_0-a'_\mathrm{s})-\sum f_{si}S_{si}\right\}\frac{1}{\gamma_\mathrm{RE}}$$
$$\tag{9-28}$$

式中　b'_f——T 形、倒 L 形截面受压区的翼缘计算宽度（mm）；

　　　h'_f——T 形、倒 L 形截面受压区的翼缘高度（mm）；

　　　γ_RE——构件承载力抗震调整系数，按表 9-4 采用，当不考虑抗震时，取 $\gamma_\mathrm{RE}=1.0$。

②小偏心受压

$$N \leqslant \{f_\mathrm{g}[bx+(b'_\mathrm{f}-b)h'_\mathrm{f}]+f'_\mathrm{y}A'_\mathrm{s}-\sigma_\mathrm{s}A_\mathrm{s}\}\frac{1}{\gamma_\mathrm{RE}} \tag{9-29}$$

$$Ne_\mathrm{N} \leqslant \left\{f_\mathrm{g}\left[bx\left(h_0-\frac{x}{2}\right)+(b'_\mathrm{f}-b)h'_\mathrm{f}\left(h_0-\frac{h'_\mathrm{f}}{2}\right)\right]+f'_\mathrm{y}A'_\mathrm{s}(h_0-a'_\mathrm{s})\right\}\frac{1}{\gamma_\mathrm{RE}} \tag{9-30}$$

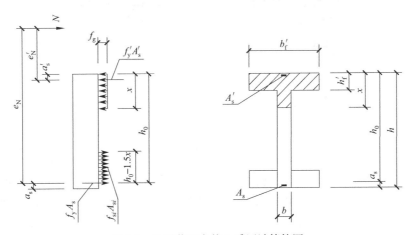

图 9-2　T 形截面大偏心受压计算简图

（7）墙板作为门窗过梁时，应将洞口上部洞口范围内的板肋剔除，并应按钢筋混凝土受弯构件计算过梁的承载力，计算时过梁的宽度应取 94mm。过梁的荷载应按现行国家标准《砌体结构设计规范》GB 50003 取用。

9.4　构造要求

9.4.1　一般规定

（1）钢筋锚固长度、搭接长度以及混凝土保护层厚度应符合现行国家标准《混凝土结构设计规范》GB 50010 的有关规定，暗梁混凝土保护层厚度可按板的保护层厚度执行。

（2）所有楼屋盖处的纵横墙上均应设置钢筋混凝土圈梁（当楼板厚度不小于 120mm 时可做成暗圈梁）。

（3）圈梁应符合下列构造要求。

1）圈梁宜连续地设在同一水平面上，并形成封闭状；当圈梁被门窗洞口截断时，应在洞口上部增设相同截面的附加圈梁。附加圈梁与圈梁的搭接长度不应小于其到中垂直间距的 2 倍，且不得小于 1m。

2）圈梁的截面高度不应小于 150mm，宽同墙厚；暗圈梁做于楼板里面，截面高度不应小于 120mm，宽度不应小于 150mm，双板墙（采用两块同样的板并排安装形成的墙）时宽度不小于墙厚。圈梁主筋不应少于 4Φ10，绑扎接头的搭接长度按受拉钢筋考虑，箍筋间距抗震设防烈度为 6 度、7 度时不应大于 250mm，8 度时不应大于 200mm。

3）基础圈梁的高度不宜小于 240mm。

4）圈梁兼作过梁时，过梁部分的钢筋应按计算用量另行增配。

5）纵横墙交接处的圈梁应有可靠的连接（图 9-3）。

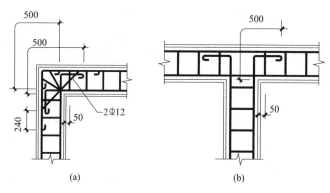

图 9-3　纵横墙交接处圈梁的连接

(a) L 形节点；(b) T 形节点

（4）墙板作为门窗过梁时，应将洞口上部范围内的板肋剔除，剔除高度不应小于 120mm，过梁主筋不应小于 2Φ12，如计算需要箍筋时，其直径不应小于 Φ4，间距为每孔腔内至少一个。过梁支承长度每边不应小于 240mm（图 9-4）。如需单独设置过梁，应按钢筋混凝土受弯构件进行计算，以确定过梁高度和配筋；过梁荷载应按现行国家标准《砌体结构设计规范》GB 50003 取用。

（5）钢筋混凝土梁支承于墙板时，梁的支承长度不应小于 120mm。梁支承处应设置配筋芯柱，并设置不小于 2Φ14 插筋（图 9-5）。

（6）灌芯纤维石膏墙板竖向钢筋最小配筋率为 0.2%，配筋芯柱最大间距应为 4m，芯柱内竖向钢筋不应少于 2Φ14（图 9-6）。芯柱应伸入室外地面下 500mm，或与埋深小于 500mm 的基础圈梁相连，上部应锚入屋盖圈梁。

（7）楼梯间四角，楼梯段上下端对应的墙体处应设置配筋芯柱。

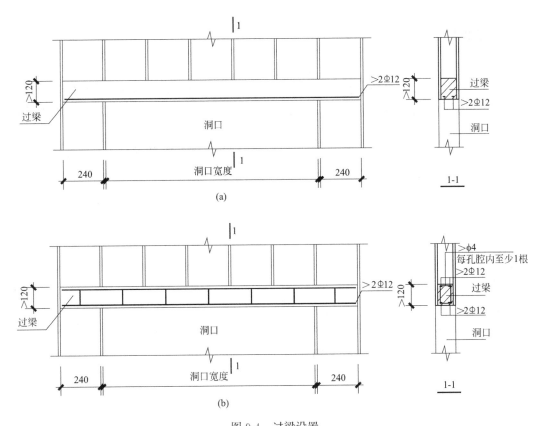

图 9-4 过梁设置

(a) 不需配置箍筋；(b) 需配置箍筋

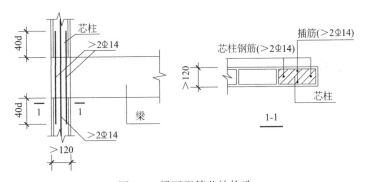

图 9-5 梁下配筋芯柱构造

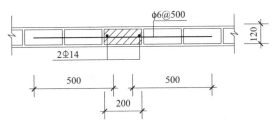

图 9-6 芯柱节点图（一字形节点）

9.4.2 墙体构造

（1）纵横墙交接处的构造要求应符合下列规定（图 9-7）。

1）应在墙体的空腔部位对接，灌筑混凝土后形成钢筋混凝土芯柱，芯柱的长边长度不应小于 200mm。芯柱内竖向钢筋的配置数量，对于 L 形节点不应少于 3Φ14；T 形节点不应少于 4Φ14；十形节点不应少于 5Φ14。

2）应设置水平拉结筋，拉结筋直径不应小于 Φ6，距墙边算起长度不应小于 500mm，拉结筋沿高度方向间距不宜大于 500mm。

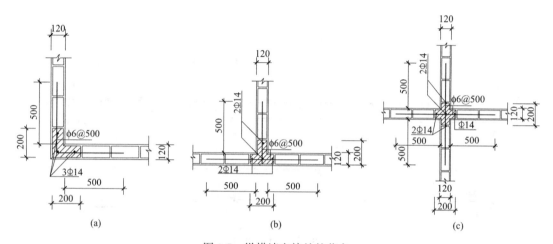

图 9-7　纵横墙交接处的节点

（a）L 形节点；（b）T 形节点；（c）十形节点

（2）洞口两侧墙板配筋芯柱内应分别设置不少于 2Φ14 的通长竖向钢筋。

（3）当墙体为双板墙时，双板空腔应对应，端部设构造柱，双板墙间应设置不小于 Φ12@500 的拉结钢筋，拉结钢筋应呈梅花形布置（图 9-8）。

（4）当墙体长度超过 5m 时，应设置钢筋混凝土芯柱，芯柱间的距离不应大于 5m；在纵横墙交接处，应在墙体的空腔部位对接，灌筑混凝土后形成钢筋混凝土芯柱，芯柱截面尺寸不应小于 200mm×180mm，应配置不少于 4Φ12 的竖向钢筋（在节点处，4Φ14）和 Φ6@200 箍筋。纵横墙交接处的水平拉结筋距墙边算起长度不应小于 700mm。

（5）底部加强部位纵横墙交接处芯柱的构造配筋不应小于 Φ16，箍筋直径不应小于 Φ8，间距不应大于 200mm。当墙肢截面的混凝土部分在重力荷载代表值下的轴压比不超过 0.3 时，可不考虑底部加强部位增强配筋。

（6）当墙体开有小孔洞（洞的高和宽在 250～800mm 之内时），应在洞口上下设置不小于 2Φ12 钢筋，该钢筋自孔洞边算起伸入墙内的长度不应小于 40d（图 9-9）。洞口宽度大于 800mm 时，应设置过梁。

（7）圈梁中设置上下层墙板的插筋，插筋直径不应小于 Φ14，每个孔一根，插筋锚入上下层墙板的净长度不应小于 500mm，上端至屋面。

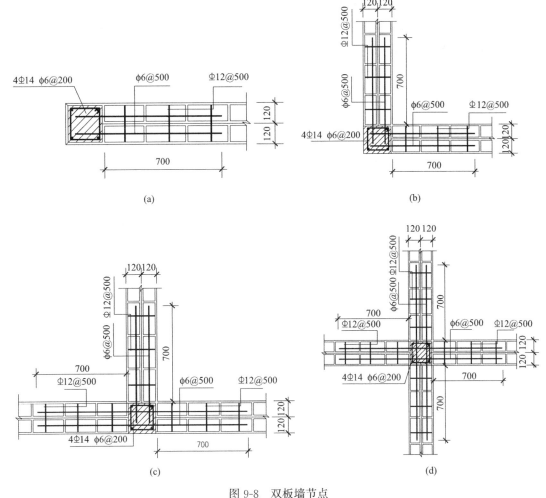

图 9-8　双板墙节点

（a）一形节点；（b）L 形节点；（c）T 形节点；（d）十形节点

（8）室外地面以下可采用砖砌体或混凝土墙体，砖砌体顶部应设混凝土圈梁，圈梁高度不应小于 240mm，墙板底部插筋锚入圈梁或基础梁内，锚固长度不应小于 500mm。

（9）下列情况的墙体应在每个孔内配置一根直径不小于 Φ14 的通长竖向钢筋：

1）抗震设防烈度为 8 度、楼层为 5 层的底层墙体；

2）抗震设防烈度为 7 度、楼层为 6 层的底层墙体。

9.5　施工

9.5.1　一般规定

（1）施工前应编制专项施工方案、墙板拼装大样图，并应绘制安装顺序示意图。

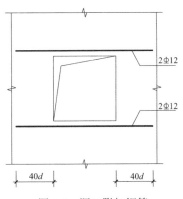

图 9-9　洞口附加钢筋

（2）墙板的进场质量应符合规程的要求，不合格的产品严禁安装使用。

（3）墙板吊装、运输、存放和安装时，<u>应立吊立放</u>。

（4）墙板空腔内浇筑的自密实混凝土和其他构件浇筑的普通混凝土，其配合比设计、外加剂选用，应按现行行业标准《普通混凝土配合比设计规程》JGJ 55 执行。

9.5.2 墙体工程主要施工工序

墙体工程的主要施工工序应按图 9-10 执行。

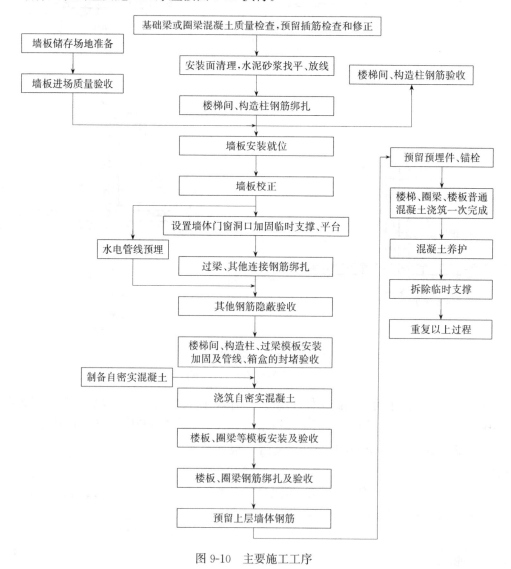

图 9-10 主要施工工序